万能酱汁和料理435道

（日）牛尾理惠　著

林和文曦　译

中国轻工业出版社

让平淡无奇的菜肴惊艳你的味蕾！

方便、实用的家中

优点 

调味只需一步完成！
快捷方便又可口！

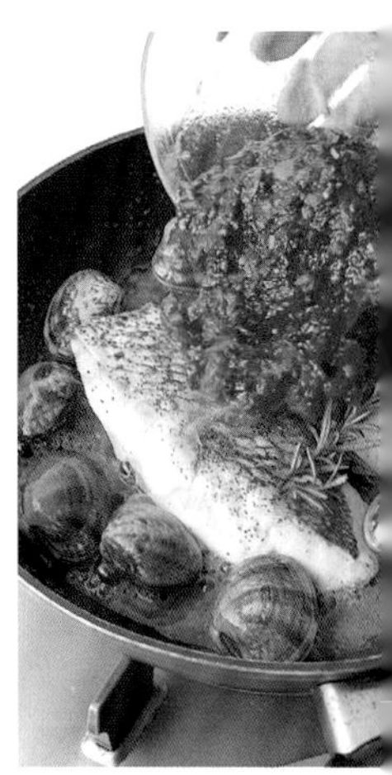

烹调时，只需添加少许提前制作好的酱料、酱汁，就能大大节省平时做饭的时间。
省去称量食材的步骤，调味只需一步搞定，随时都能轻松做出让全家人开怀享用的美食。
让你不再为不知如何调味而烦恼！

优点 

自制酱料让美味升级！
教你掌握超人气料理如何搭配酱汁酱料！

本书汇集了多种既方便又鲜美的酱汁酱料，给你带来不一样的烹饪体验。
本书精选了近百道超人气家常菜，其选用的原料取材方便，制作简单。
因为是自己亲手制作的酱料，所以轻轻松松就能调出自己想要的味道。还可以根据自己的口味进行调整，这也是自制酱料所特有的魅力。

本书也介绍了一些虽不易保存，但十分美味的日常鸡蛋料理的酱料搭配及其他精选酱料搭配。此外，做好的酱料可以保存一段时间，因此不用频繁制作。

一酱在手，美味全有！

常备酱料和酱汁！

优点 

烹饪随心，打破常规！

在本书的第一部分中，将介绍10款制作简单又百搭的万能酱料，可以用于烧烤、蒸煮、凉拌、煲汤、拌饭等。

在第二部分中，除了与日式、西式、中式料理及各地域风味美食相搭配的调味料外，还将额外介绍多款绝品提味酱料、酱汁。

书中会反复提示酱料的使用方法，让你做出惊艳的菜肴。

一款万能酱汁能做出24种料理！

照烧鸡肉

土豆炖肉

鸡肉鸡蛋盖饭

- 干烧金眼鲷鱼
- 筑前煮
- 日式东坡肉
- 金平牛蒡
- 凉拌菠菜
- 鸡肉炒饭
- 炒乌冬面……

酱料、酱汁保存的小贴士

下面将介绍酱料、酱汁的基本保存方法。待煮好的酱料完全冷却后，再放入冰箱冷藏或冷冻。

• 使用干净的调料瓶及调料罐冷藏保存

使用干净无菌的容器来进行保存。将容器煮沸消毒后喷上酒精效果更佳。每次舀取酱料时，汤勺一定要干净，注意不要与其他酱料混用。

• 用保鲜袋包好后再放入冰箱冷冻

将酱料或酱汁平放入冷冻专用保鲜袋后，放入冰箱中冷冻。每次做饭时只需取出需要的用量即可，十分方便。使用时，待酱料在室温下自然解冻后，可根据用途直接使用或加热后使用。

急需解冻时，可连同保鲜袋一起放入流动的水中进行冲洗解冻，或将其直接放入碗中浸泡。

本书的附录中还附赠了酱料、酱汁的标签，供大家剪下使用。

目录

8 本书的使用方法

第一部分

用家中常备的10款万能酱汁做人气料理

10 **万能酱油**
11 **万能酱油的24种变化用法**

11 照烧鸡肉调料汁 照烧鸡肉
12 土豆炖肉调料汁 土豆炖肉
13 干烧鱼汤汁 干烧金眼鲷鱼
13 金平牛蒡调料汁 金平牛蒡
14 鸡肉鸡蛋盖饭汤汁 鸡肉鸡蛋盖饭
15 什锦焖饭调料汁 香菇鸡肉焖饭
16 筑前煮调料汁 筑前煮
16 凉拌青菜调料汁 凉拌菠菜
17 日式溏心卤蛋调料汁 日式溏心卤蛋
17 炖萝卜干调料汁 炖萝卜干
18 日式东坡肉调料汁 日式东坡肉
18 肉豆腐汤汁 日式肉豆腐
18 鲕鱼炖萝卜调料汁 鲕鱼炖萝卜
18 梅子沙丁鱼汤汁 梅子沙丁鱼
19 日式萝卜泥汤汁 萝卜泥炖青花鱼/油炸豆腐
19 日式牛肉时雨煮汤汁 日式牛肉时雨煮
19 炖南瓜调味汁 炖南瓜
20 青菜炖炸物汤汁 油菜炖炸豆腐汤
20 日式煮羊栖菜汤汁 日式煮羊栖菜
20 鸡肉松调料汁 鸡肉松
21 蘸汁和浇汁 盛荞麦面/狸猫乌冬面
21 天妇罗蘸汁
21 炒乌冬面调料汁 炒乌冬面

22 **番茄沙司**
23 **番茄沙司的10种变化用法**

23 番茄酱意大利面沙司 培根番茄沙司意大利面
24 意式水煮鱼风味沙司 意式水煮鱼
25 比萨沙司 生火腿芝麻菜比萨
25 煎蛋卷番茄沙司 奶酪煎蛋卷
26 意大利通心粉沙司 海鲜意大利通心粉
27 蔬菜浓汤汤料 蔬菜浓汤
28 普罗旺斯蔬菜杂烩沙司 普罗旺斯蔬菜杂烩
28 墨西哥辣豆酱 墨西哥辣豆
29 意式番茄烩饭沙司 简易意式番茄烩饭
29 日式包菜卷沙司 日式包菜卷

30 **白酱**
31 **白酱的10种变化用法**

31 奶汁烤饭沙司 咖喱奶汁烤饭
32 白酱炖菜沙司 奶油炖鸡
33 意式千层面沙司 意式茄子千层面
34 奶汁烤菜沙司 什锦奶汁烤菜
35 土豆泥沙司 奶油土豆泥
35 玉米汤汤料 玉米汤
36 蛤蜊浓汤汤料 蛤蜊浓汤
36 奶油海鲜汤汤汁 菠菜牡蛎奶油汤
37 法式吐司沙司 法式热吐司三明治
37 简易烩饭沙司 简易三文鱼烩饭

38 **味噌酱**
39 **味噌酱的10种变化用法**

39 味噌萝卜酱 味噌萝卜
40 味噌腌床 味噌烤猪肉
41 马苏里拉奶酪酱菜
41 味噌炒菜酱 茄子烧牛肉
42 鱼肉杂蔬烧调料汁 鲑鱼杂蔬烧
43 肉末炖土豆汤汁 肉末炖土豆
44 味噌青花鱼汤汁 味噌煮青花鱼

45 山河烧调味料 竹荚鱼山河烧
45 田乐酱 田乐酱炸豆腐
45 炖杂碎调料汁 炖猪杂
45 猪肉酱汤汤汁 猪肉酱汤

46 中式美味调料汁
47 **中式美味调料汁的4种变化用法**

47 中式炸物调料汁 中式炸茄子
48 炒饭调味汁 蛋炒饭
49 排骨调料汁 炸排骨
49 中式糯米饭调料汁 中式糯米饭

50 意大利青酱
51 **意大利青酱的4种变化用法**

51 青酱意大利面沙司 青酱意大利面
52 青酱炒菜沙司 青酱土豆炒章鱼
52 卡布里沙拉酱 奶酪拌番茄卡布里沙拉
53 嫩煎鱼排沙司 青酱嫩煎沙丁鱼

54 咖喱卤
55 **咖喱卤的4种变化用法**

55 咖喱酱 咖喱牛肉
56 椰子咖喱酱 咖喱椰子鸡
57 咖喱米粉调味料 咖喱米粉
57 咖喱乌冬面汁 咖喱乌冬面

58 韩式辣椒酱调料汁
59 **韩式辣椒酱调料汁的2种变化用法**

59 韩式炒粉丝调味汁 韩式炒粉丝
59 韩式生拌调料汁 生拌金枪鱼

60 柠檬沙司
61 **柠檬沙司的2种变化用法**

61 柠檬嫩煎肉沙司 柠檬嫩煎白肉鱼
61 柠檬蘸酱 西葫芦三文鱼饼

62 美式沙司
63 **美式沙司的2种变化用法**

63 海鲜浓汤汤料 海鲜浓汤
63 美式意大利宽面沙司 美式意大利宽面

专栏1 基本高汤

64 海带鲣鱼高汤
64 飞鱼高汤
65 豚骨高汤 叉烧面的基础制作方法
65 叉烧调味汁 叉烧的基础制作方法
66 鸡高汤 越南鸡粉的制作方法
66 蔬菜高汤

第二部分 按菜品分类

人气料理的极品酱汁和酱料

西式料理沙司

汉堡包肉饼酱
69 多明格拉斯酱/戈贡佐拉酱/日式洋葱酱
嫩煎猪排沙司
70 番茄酱调味汁/姜味苹果沙司/橘子酱
嫩煎鸡排沙司
71 奶油奶酪沙司/蓝莓酱/芥末酱
牛排沙司
72 红葡萄酒沙司
73 洋葱酱/芥末丁香沙司
嫩煎海鲜沙司
74 香橙酱
75 薄荷沙司/牛奶咖喱酱
煎蛋卷沙司
76 红辣椒酱
77 蘑菇酱/培根奶油酱
炸大虾沙司
78 塔塔酱

79　莎莎酱/芥末牛油果沙司
炸猪排沙司
80　芝麻佐餐汁
81　八丁味噌酱/佐味橙醋调料汁
绝品调味汁
82　法式调味汁/凯撒沙拉调味汁
83　芝麻调味汁/千岛酱/芥末调味汁/
洋葱调味汁/蛋黄酱
84　胡萝卜调味汁/番茄罗勒调味汁/
味噌调味汁/梅子调味汁
85　地域风味调味汁/ 莎莎风味调味汁/
酸奶调味汁/韩式沙拉调味汁
意大利面沙司
86　肉酱
87　日式蘑菇沙司
88　海鲜拉古酱
89　橄榄油调味汁/茴蒿青酱风味沙司/
意式冷面番茄沙司/明太子蛋黄酱
蔬菜泥
90　番茄泥/蘑菇泥
91　芦笋泥/洋葱泥/胡萝卜泥
腌泡汁
92　基础腌泡汁
93　香草腌泡汁/蜂蜜腌泡汁
腌渍汁
94　基础腌渍汁
95　日式腌渍汁/咖喱腌渍汁
蘸酱和泥酱
96　橄榄酱/香草蘸酱
97　鹰嘴豆蘸酱/花生黄油蘸酱/
牛油果蘸酱/肝泥酱
98　明太子奶酪蘸酱/茄子泥酱/
金枪鱼奶油蘸酱/蘑菇泥酱

人气西式料理沙司
99　意式鲲鱼沙司/卡帕奇欧沙司/荷兰沙司/
蜗牛黄油酱/鳕鱼子黄油酱

日式料理调料汁、汤汁

日式烧烤酱汁
101　蒲烧酱汁
102　生姜烧调料汁/幽庵烧调料汁
103　烤鸡肉串调料汁/ 洋葱烤肉调料汁
味噌腌床
104　西京烧味噌腌床
105　酒糟味噌腌床/酸奶味噌腌床/
橘子酱味噌腌床
南蛮渍腌渍调料汁
106　基础南蛮醋
107　梅子南蛮醋/咖喱南蛮醋/
西式南蛮醋/南蛮黑醋
日式炸物腌料、芡汁
108　日式炸鸡块基础腌料
109　美式炸鸡腌料/龙田炸物腌料/糖醋芡汁
日式火锅汤汁、蘸料
110　日式牛肉火锅汤底
111　橙醋酱油/芝麻酱/柚子胡椒酱/葱香柠檬调料汁
鸡蛋料理调味料
112　厚蛋烧蛋液/高汤煎蛋卷蛋液
113　日式茶碗蒸蛋液
复合调味醋、拌酱
114　土佐醋/芝麻醋/绿醋/醋味噌
115　芝麻拌菜酱/核桃味噌酱/黄酱/
凉拌酱/奶酪味噌酱
日式渍物腌渍调料汁
116　基础浅渍调料汁/芥末腌渍调料汁/
薤白腌渍调料汁
117　什锦酱菜腌渍调料汁/辣白菜腌渍调料汁/
日式松前渍调料汁
香味绝佳的酱油
118　韭香酱油
119　葱蒜酱油/大蒜生姜酱油/
蒜香紫苏酱油/葱香酱油
日式盖饭调料汁
120　牛肉盖饭调料汁/猪肉盖饭调料汁

121 天妇罗盖饭调料汁/日式酱油盖饭调料汁

寿司醋

122 万能寿司醋/油炸豆腐汤汁

123 酱料、酱汁使用的基础调味料

中式及各地域风味美食调味料

中式料理调料汁、复合调味料

125 麻婆酱复合调味料/正宗麻婆酱复合调味料

126 甜辣酱复合调味料/虾仁蛋黄酱

127 甜面酱复合调味料/蚝油复合调味料

128 蔬菜炒肉复合调味料/芙蓉蟹糖醋芡汁

129 黑醋咕咾肉糖醋芡汁

130 油淋鸡调味汁/棒棒鸡调味汁

131 自制辣椒油

中式面汁

132 担担面调味料

133 中式凉面调料汁/中式凉面芝麻酱

134 炒面调味汁

人气中式料理配方

135 八宝菜芡汁/酸辣汤汤汁/广式炒面复合调味料

韩式料理调料汁、复合调味料

136 烧烤汁

137 韩式烤肉腌料/户外烧烤调料汁

138 韩式甜辣鸡块调味汁/韩式烤牛肉调料汁

139 韩式拌杂蔬调料汁/韩式煎饼调料汁

140 韩式火锅复合调味料

人气韩式料理配方

141 石锅拌饭肉酱/韩式土豆排骨汤复合调味料/韩式泡菜五花肉调味料

地域风味调料汁、调味汁

143 印度烤鸡腌料/越南生春卷调味汁

2种地域风味沙拉调味汁

144 泰式冬粉沙拉调味汁

145 甜辣酱调味汁/自制甜辣酱调味汁

人气地域料理酱料、沙司

146 印尼炒饭调料汁/泰式罗勒鸡肉饭调料汁/泰式炒面调料汁

147 海南鸡饭蘸酱/罗勒三杯鸡调料汁/沙嗲酱/冬阴功汤底料

专栏2 调味油和调味盐

148 柠檬油/香草油/意大利辣椒油/辛香料调味油

149 抹茶盐/香蒜盐/咖喱盐/中式调味盐/花椒盐/芥末盐/香草盐

专栏3 甜品酱

150 巧克力酱

151 芒果酱/焦糖酱/核桃酱/猕猴桃酱/黑糖蜜

152 按调味料和食材分类的酱汁索引

154 按主食材分类的料理索引

157 剪下即可使用！酱料酱汁小标签

本书的使用说明

- 本书中，酱汁和酱料的分量大多为“4人份”或“易于制作的分量”。但是，部分不易保存的酱汁，为了一次就能用完，制作分量为“2人份”或“3人份”。
- 材料表中的用量：1小勺=5毫升，1大勺=15毫升，1杯=200毫升。
- 酱汁的保质期为大致时间。根据冰箱的制冷状态及冰箱开关的频率等，保质期会上下浮动。
- 高汤是用鲣鱼和海带熬制而成的。制作方法详见【海带鲣鱼高汤】(P.64)。
- 微波炉的加热时间以600W为标准。
- 烤箱的加热时间为大致时间。由于机型不同，时间上多少会有差异，请根据情况自行调整。
- 本书菜谱上使用的“酒”指的是日本酒。

本书的使用方法

第一部分
用家中常备的 10 款万能酱汁做人气料理

本部分精选了 10 种百搭酱汁、酱料。只需添加少许事先制作好的酱汁、酱料，便能轻松调出好味道，大大节省平时做饭的时间！

介绍酱汁、酱料制作方法时附有配图，简单易懂

一款酱料多种用法，让你做出百变菜肴

特别用图标标出酱料的保质期

用万能酱汁制作美味料理

配料表字大清晰，并附有配图，一目了然！

万能酱油

万能酱油的 24 种变化用法

照烧鸡肉调料汁

照烧鸡肉

各种菜式的酱汁和酱料的配料表一目了然，制作方法简单易懂。除常规菜式的制作方法外，本书还将介绍美味的快手料理制作方法。

第二部分
人气料理的极品酱汁和酱料

本书将介绍西式料理、日式料理、中式料理及各地域风味美食的多款绝品提味酱料、酱汁。让平日里平淡无奇的菜肴变得更加鲜美，带给你无限烹饪灵感！

特别标出制作常规菜式的酱汁、酱料所使用的配料及酱料保质期

分类索引一目了然

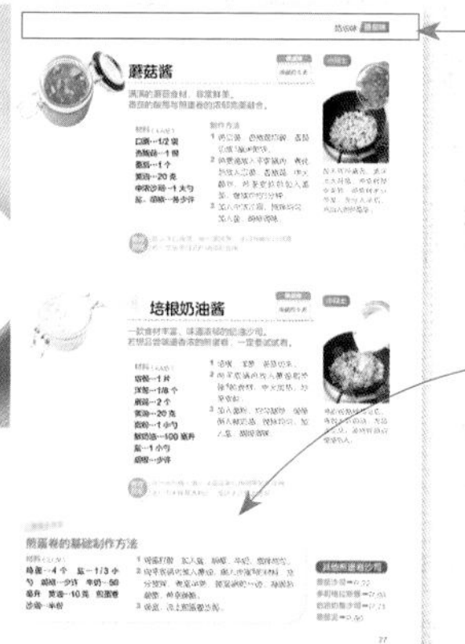

常规菜式的基础做法可参考此处步骤

与各款酱料完美搭配的菜式和食材一一列出，通过灵活搭配，让你轻松做出正宗好味道

你将了解到多种既方便又简单的料理配方

美味调味汁让平淡无奇的沙拉惊艳你的味蕾！

单一的面包及蔬菜蘸点酱料，乐趣无穷！

美味升级！当然少不了甜品酱！

第一部分

用家中常备的 10 款
万能酱汁做人气料理

在第一部分中，本书将为你介绍可用作面汁的万能酱油、用于制作意大利面及比萨等人气料理的番茄沙司等10款精选万能酱汁。

每一款都制作简单，且可存放一两周。

若能熟练使用，每天都能带给你不一样的味觉体验。

万能酱油

保质期
冷藏约 2 周

这是一款由高汤、味醂、酒与酱油调和而成的酱汁，它以酱油味为基础，加上味醂的淡淡甘甜和汤汁的浓郁，像面汁一样百搭实用，是一款万能酱汁。

凉拌、炖菜、拌面，样样精通。

材料

酱油	味醂	酒	海带	木鱼花
150 毫升	150 毫升	50 毫升	5 厘米	少许

制作方法

1 将所有材料放入锅内，中火加热，煮沸后熄火，放置冷却。

2 在滤网上铺一层厨房纸巾，过滤酱汁，将其倒入容器中。在容器内放入海带，放置3日后将海带取出。

! 使用推荐 !

可用于制作照烧料理、土豆炖肉、鸡肉鸡蛋盖饭、日式东坡肉、鲕鱼萝卜、凉拌菜、焖饭等酱香风味日式料理。

万能酱油的 24 种变化用法

变化 1

放凉也好吃，还可用于制作美味便当。
照烧鲕鱼也可参考此做法。

照烧鸡肉调料汁

材料（2人份） 万能酱油（P.10）…2 大勺

用法

将鸡肉煎熟后淋上万能酱油调味（详见【美食小课堂】）。

美食小课堂

照烧鸡肉

材料（2人份）

去骨鸡腿肉…1 只
尖椒…6 根
大葱…1/2 根
色拉油…少许
照烧鸡肉调料汁…整份

制作方法

1 将鸡肉切成厚长方形，用叉子在鸡皮上扎几下。
2 用叉子扎几下尖椒。大葱切段。
3 向平底锅内倒入少许色拉油，加热，将步骤1的鸡肉放入锅内，带皮面朝下放置，中火煎制。待肉内的油煎出后，加入步骤2的材料煎5分钟，待肉煎至焦黄后翻面。蔬菜煎好后盛出。
4 再煎约3分钟，待肉煎熟后加入照烧鸡肉调料汁，晃动锅，煎至焦黄入味。将煮熟的鸡肉切成适中大小，盛盘，在盘中配以步骤3中的蔬菜。

变化 2 用万能酱油做出妈妈的味道，调味零失败。

土豆炖肉调料汁

材料

（2人份） **万能酱油（P.10）…4 大勺**

用法

食材炒熟后加水没过食材，水沸后加入万能酱油炖熟（详见右侧【美食小课堂】）。

小贴士

水沸后再加入酱汁可防止食材炖烂。

只需加入少许酱汁，盖上锅盖，便可将鲜味牢牢锁住。

美食小课堂

土豆炖肉

材料（2人份）

牛肉块…150 克
土豆…2 个（300 克）
洋葱…1/2 个
魔芋丝…100 克
荷兰豆…6 片
色拉油…2 小勺
土豆炖肉调料汁…整份

制作方法

1. 土豆切成稍大的块。洋葱切丝。魔芋丝切大块，焯水2分钟，去除涩味，捞出备用。
2. 荷兰豆去筋。
3. 锅内倒入色拉油，加热，放入牛肉和洋葱翻炒。待牛肉炒熟后加入土豆和魔芋丝，加水（约400毫升）没过食材。
4. 水沸后，加入土豆炖肉调料汁，盖上锅盖煮约8分钟。加入步骤2的荷兰豆，煮约2分钟至收汁。

推荐搭配

土豆可用芋头或南瓜代替，肉可换成猪肉丁、猪肉末或鸡腿肉（切成适口大小）。

3 鱼香四溢，汤汁浓郁，丝丝入味。

干烧鱼汤汁

材料
（2人份）

万能酱油（P.10）…4 大勺
水…约 400 毫升

用法

将材料充分混合。按照【美食小课堂】的步骤2，用汤汁煮鱼。

美食小课堂

干烧金眼鲷鱼

材料（2人份）

金眼鲷鱼块…2 块
香煎豆腐…1/2 块
分葱…100 克
生姜…1 块
干烧鱼汤汁…整份

制作方法

1 金眼鲷鱼焯水，霜降（一种日本特有的烹饪方法，用热水焯烫鱼皮，使其表面结一层霜状油脂）。豆腐切成4等份，分葱切段，生姜切薄片。
2 将步骤1的材料放入平底锅内，加入干烧鱼汤汁（没过食材即可）。盖上锅盖，大火煮沸后转中火煮约10分钟。

变化 4 酱汁丝丝入味，美味毋庸置疑。

金平牛蒡调料汁

材料
（2人份）

万能酱油（P.10）…1.5 大勺

用法

将牛蒡等备菜放入锅内翻炒，加入万能酱汁煮至入味（详见【美食小课堂】）。

美食小课堂

金平牛蒡

材料（2人份）

牛蒡…1 根（120 克）
芝麻油…2 小勺
红辣椒细丁…少许
金平牛蒡调料汁…整份
白芝麻…适量

制作方法

1 将牛蒡切成细条，用清水漂洗去除涩味，捞出沥干。
2 平底锅内倒入芝麻油，加热，放入红辣椒和步骤1的牛蒡，炒3分钟，再加入金平牛蒡调料汁翻炒均匀。
3 盛入盘中，撒上白芝麻。

变化 5 只要灵活运用调味汤汁，快手人气盖饭也能快上加快！

鸡肉鸡蛋盖饭汤汁

材料

（2人份）

万能酱油（P.10）…4 大勺

水…150 毫升

用法

将材料充分混合。按下述【美食小课堂】的步骤3，用汤汁煮熟食材，倒入蛋液。

美食小课堂

鸡肉鸡蛋盖饭

材料（2人份）

米饭…2 碗

去骨鸡腿肉…1 只

洋葱…1 小个

鸭儿芹…10 克

鸡蛋…3 个

鸡肉鸡蛋盖饭汤汁…整份

制作方法

1 鸡肉切成适口大小的块。洋葱切成约1厘米宽的条。

2 鸭儿芹切段。鸡蛋打散。

3 平底锅（或普通炒锅）内放入鸡肉鸡蛋盖饭汤汁和步骤1的材料，中火加热，煮沸后继续煮约5分钟。待鸡肉变色后，将打好的蛋液倒入锅内，待鸡蛋煮至半熟后放入鸭儿芹，熄火。

4 将米饭盛入碗里，浇上步骤3的材料。

小贴士

待肉熟透后再倒入蛋液，煮至鸡蛋四周呈微微凝固的半熟状即可。

推荐搭配

肉可换成猪肉或各种鱼糕，洋葱可换成大葱（斜切）。将鸭儿芹换成海苔碎也很可口。

变化 6 完美保留食材原汁原味。口口入味，粒粒鲜美。

什锦焖饭调料汁

材料
（2杯米的分量）

万能酱油（P.10）…3大勺

用法

将大米、食材和万能酱油一起放入电饭煲内，加水至2杯米的刻度线，煮熟（详见【美食小课堂】）。

美食小课堂

香菇鸡肉焖饭

材料（2杯米的分量）

大米…2杯（360毫升）
去骨鸡腿肉…200克
鲜香菇…4朵
四季豆…6根
水煮白果罐头…1罐（55克）
什锦焖饭调料汁…整份

制作方法

1. 大米洗净后沥干水分。
2. 鸡肉切成适口大小的块。香菇切成约1厘米大小的丁。四季豆切成1厘米长的段。
3. 将步骤1、2中的材料与白果及什锦焖饭调料汁放入电饭煲内，加水至2杯米的刻度线，煮熟。

小贴士

将食材平铺在大米上后，再倒入酱汁。不要将大米与食材混合搅拌。

推荐搭配

肉可换成猪肉、猪肉末、虾、墨鱼或金枪鱼罐头，根据个人喜好添加蔬菜。将食材切成统一大小是关键。

准备好食材，只需加入酱料炖煮即可！

7 筑前煮调料汁

材料（2人份） **万能酱油（P.10）…4大勺**

用法

将食材稍加翻炒后加水没过食材，水沸后加入万能酱油炖熟（详见【美食小课堂】）。

美食小课堂

筑前煮

材料（2人份）

去骨鸡腿肉…1只
牛蒡…100克
莲藕…100克
胡萝卜…60克
鲜香菇…3朵
魔芋…1/2块（100克）
芝麻油…2小勺
筑前煮调料汁…整份

制作方法

1 将鸡肉切成适口大小。牛蒡、莲藕、胡萝卜切块。鲜香菇切成4等份。
2 将魔芋用勺子或杯子切成适口大小的块，焯水2分钟，捞出沥干备用。
3 锅内加油，中火加热，油热后放入备好的食材翻炒均匀。加水没过食材（约400毫升）。水沸后放入筑前煮调料汁，盖上锅盖，焖煮约10分钟至完全收汁。

小贴士

待汤汁煮沸后再加入调料汁。盖上锅盖，将鲜味牢牢锁住。

变化

淋上酱料即可食用。只需改变蔬菜和调味料，美味多种多样。

8 凉拌青菜调料汁

材料（2人份） **万能酱油（P.10）…1大勺**

用法

将芝麻撒在备好的青菜上，浇上万能酱汁（详见【美食小课堂】）。

美食小课堂

凉拌菠菜

材料（2人份）

菠菜…200克
白芝麻…1小勺
凉拌青菜调料汁…整份

推荐搭配

青菜可换成油菜、茼蒿、青梗菜、油菜花等。芝麻可用木鱼花、海苔、小鳀鱼干代替。

制作方法

1 菠菜焯水约1分钟，捞出浸入冷水中，稍加冷却后挤干水分，切段。
2 将切好的菠菜装入容器中，撒上芝麻，淋上凉拌青菜调料汁。

变化 9 单吃也美味，拉面、沙拉的超人气配菜！

日式溏心卤蛋调料汁

材料

（4个鸡蛋的分量）

万能酱油（P.10）…4 大勺

用法

将煮熟的鸡蛋和万能酱油一起放入保鲜袋中腌制（详见【美食小课堂】）。

美食小课堂

日式溏心卤蛋

材料（4个鸡蛋的分量）

鸡蛋…4 个

日式溏心卤蛋调料汁…整份

制作方法

1 锅内加水煮沸，水沸后放入生鸡蛋，中火煮约8分钟。煮熟后捞出放入冷水中，稍加冷却后剥去蛋壳。

2 在塑料袋中放入日式溏心卤蛋调料汁和煮好的鸡蛋，挤出多余空气，封上袋子放置3小时至一晚。

推荐搭配

腌制黄瓜、萝卜、芜菁等蔬菜时，加入生姜、大蒜调味，更加美味。

小贴士

用塑料袋腌菜的好处在于，即使用很少的食材也能做出美味的腌菜。腌制过程中，尽量多次翻动，使其均匀入味。

变化 10 只要有了酱汁，便可轻松做出自己想吃的家常菜！

炖萝卜干调料汁

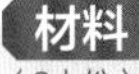

材料

（2人份）

万能酱油（P.10）…2 大勺

用法

锅内加水没过食材，放入万能酱汁烹调（详见【美食小课堂】）。

美食小课堂

炖萝卜干

材料（2人份）

萝卜干…20 克

胡萝卜…30 克

鲜香菇…2 朵

四季豆…2 根

油炸豆腐…1/2 块

炖萝卜干调料汁…整份

制作方法

1 萝卜干泡发切丁，胡萝卜切丝，鲜香菇切片，四季豆切斜段，油炸豆腐浸热水，除去油脂后切成条。

2 将食材放入锅内，加水（约200毫升）没过食材，放入炖萝卜干调料汁。盖上锅盖用中大火炖约15分钟，直至汤汁变少。

变化 11

猪肉稍加炖煮后，加入调料汁调味。根据个人喜好添加辣椒酱。

日式东坡肉调料汁

材料（4人份）

万能酱油（P.10）…100毫升

用法

锅内放入猪肉、葱段、生姜、大蒜，加水没过食材。盖上锅盖煮30分钟。加入万能酱油，继续烹调30分钟。（详见【美食小课堂】）

美食小课堂

日式东坡肉

材料（4人份）

猪前胛肉块…500克
大葱（葱绿部分）…1根
生姜…1片
大蒜…1瓣
日式东坡肉调料汁…整份

制作方法

1 用棉线系住猪肉。葱切段。
2 向锅内放入系好的猪肉、葱段、生姜、大蒜，加水没过猪肉，盖上锅盖中火炖煮。水沸后转小火炖约30分钟。
3 加入日式东坡肉调料汁继续烹调约30分钟。

变化 12

丝丝甘甜渗入豆腐，十分可口。可浇在米饭上食用，或用于制作日式盖饭。

肉豆腐汤汁

材料（2人份）

万能酱油（P.10）…4大勺
水…200毫升

用法

将食材充分混合。按照【美食小课堂】的步骤2，用煮汤烹调食材。

美食小课堂

日式肉豆腐

材料（2人份）

牛肉末…150克
北豆腐…1/2块（150克）
大葱…1/4根
肉豆腐汤汁…整份

制作方法

1 将豆腐切成4等份，大葱切斜段。
2 向锅内放入牛肉、切好的豆腐、肉豆腐汤汁，煮沸后撇去浮沫。煮约10分钟至完全收汁。加葱段即可。

推荐搭配

牛肉或猪肉末。加入蘑菇、香菇（焯水）能使美味再升级。

变化 13

鱼骨充分焯水后，鱼腥味全消除。开创美味新天地！

鲕鱼炖萝卜调料汁

材料（4人份）

万能酱油（P.10）…6大勺

用法

向锅内放入食材后，加水没过食材，盖上锅盖烹调10分钟。加入万能酱油炖至入味（详见【美食小课堂】）。

美食小课堂

鲕鱼炖萝卜

材料（4人份）

鲕鱼骨…300克
萝卜…1/2根
生姜…2片
鲕鱼炖萝卜调料汁…整份

制作方法

1 鱼骨焯水，将焯好水的鱼骨放入水中，剔除鱼脊和鱼鳞后沥干水分。萝卜切成2.5厘米厚的墩状。
2 锅内放入处理好的鲕鱼、生姜，加600毫升水没过食材，大火炖煮。水沸后撇去浮沫，盖上锅盖，转中火继续烹调约10分钟。
3 加入鲕鱼炖萝卜调料汁，炖约20分钟至入味。

变化 14

梅子散发淡淡酸甜。梅干和生姜让鱼腥味跑光！

梅子沙丁鱼汤汁

材料（2人份）

万能酱油（P.10）…3大勺
水…200毫升
梅干…4个
生姜…1/2片

用法

万能酱油兑水搅拌均匀，加入梅子和姜片。按照【美食小课堂】的步骤2，炖汤中放入沙丁鱼，盖上锅盖进行炖煮。

美食小课堂

梅子沙丁鱼

材料（2人份）

沙丁鱼…4只
梅子沙丁鱼汤汁…整份

制作方法

1 沙丁鱼去头，去除内脏后用水清洗干净。
2 向锅内加入梅子沙丁鱼汤汁，以及处理好的沙丁鱼。盖上锅盖中火炖煮约10分钟。注意要时常打开锅盖用汤勺搅拌。

变化 清淡爽口的萝卜泥配上酸橘或柚子，清爽升级！

15 日式萝卜泥汤汁

材料（2人份）

万能酱油（P.10）…4大勺
萝卜泥…100毫升
水…100毫升

用法

将食材混合。按照【美食小课堂】的步骤2，盖上锅盖用煮汤烹调食材。

美食小课堂

萝卜泥炖青花鱼

材料（2人份）

青花鱼…2片
日式萝卜泥汤汁…整份

制作方法

1 青花鱼切块，焯水后沥干。
2 向平底锅内放入处理好的食材，加入日式萝卜泥汤汁，盖上锅盖中火炖煮约10分钟。

推荐搭配

除青花鱼外，还可使用沙丁鱼、竹荚鱼、鳕鱼、鲷鱼、鲑鱼、鸡肉、猪肉等。裹上面粉炸制后再浇上汤汁，更易入味。

用日式萝卜泥汤汁试试看！

油炸豆腐

材料（2人份）

北豆腐…1块（300克）
淀粉、炸制用油…各适量
日式萝卜泥汤汁…整份

制作方法

1 吸去豆腐多余的水分，切成4等份。裹上淀粉在170℃的油温下进行炸制。吸去多余油分后装盘备用。
2 向小锅内放入日式萝卜泥汤汁加热，放入炸好的豆腐，根据个人喜好还可加入姜末。

变化 必学下饭菜。巧用生姜是关键！

16 日式牛肉时雨煮汤汁

材料（2人份）

万能酱油（P.10）…3大勺
水…100毫升
生姜…1片

用法

万能酱油兑水搅拌均匀后加入切好的细姜丝。详见【美食小课堂】的制作要领，炖汤中放入牛肉进行炖煮，同时撇去锅内的浮沫。

美食小课堂

日式牛肉时雨煮

材料（2人份）

牛肉块…200克
日式牛肉时雨煮汤汁…整份

制作方法

向锅内放入日式牛肉时雨煮汤汁与牛肉，中火炖煮。炖煮过程中要及时撇去锅内的浮沫，直至汤汁变少。

变化 喜欢甜口的朋友，也可在调料汁中加入白砂糖。关键在于南瓜放置时不要重叠。

17 炖南瓜调味汁

材料（2~4人份）**万能酱油（P.10）…2大勺**

＊只需加入2大勺砂糖，一款甜味酱汁就完成了。

用法

将南瓜置于锅内，加水没过南瓜，煮沸后加入万能酱油，盖上锅盖继续炖煮。

美食小课堂

炖南瓜

材料（2~4人份）

南瓜…1/4个（400克）
炖南瓜调味汁…整份

制作方法

1 将南瓜切成三四厘米的块，尽量切圆一些。
2 向锅内放入南瓜（瓜皮在下），加水（约200毫升）没过南瓜，中火炖煮。开锅后加入炖南瓜调味汁，盖上锅盖继续炖煮13~15分钟，直至南瓜变软。

变化 只需拥有这款调料汁，让副菜变得更加简单！

18 青菜炖炸物汤汁

材料（2人份）

万能酱油（P.10）…2大勺
水…100毫升

用法

将材料混合。按照【美食小课堂】的步骤2，锅内放入调味汁和食材煮沸，熄火使其入味。

美食小课堂

油菜炖炸豆腐汤

材料（2人份）

油菜…200克
油炸豆腐…1块
青菜炖炸物汤汁…整份

制作方法

1 油菜稍加焯水后捞出，浸冷水，沥干，切成大块。油炸豆腐浸热水除去油脂后，切成1厘米宽的块。
2 向锅内加入备好的食材和青菜炖炸物汤汁，中火炖煮。水沸后熄火，静置放凉使其入味。

推荐搭配

可搭配菠菜、茼蒿、青梗菜、油菜花等青菜或白菜，也可用小鳀鱼干或樱花虾代替油炸豆腐。

变化 富含多种自然矿物质，有益健康的人气家常菜。

19 日式煮羊栖菜汤汁

材料（2~4人份）

万能酱油（P.10）…4大勺
水…300毫升

用法

将材料混合。按照【美食小课堂】的步骤2，食材用芝麻油稍加翻炒后加入汤汁，盖上锅盖炖煮。

美食小课堂

日式煮羊栖菜

材料（2~4人份）

干羊栖菜…20克
油炸豆腐…1块
胡萝卜…1/4根
芝麻油…1小勺
日式煮羊栖菜汤汁…整份

推荐搭配

羊栖菜可根据个人喜好更换成其他蔬菜，例如肉末、炸鱼饼、豆角、荷兰豆等。

制作方法

1 羊栖菜用水泡发，挤干水分。油炸豆腐浸热水除去油脂后切成细丝，胡萝卜切细丝。
2 向锅内放入芝麻油，中火加热。油热后放入备好的食材及日式煮羊栖菜汤汁，盖上锅盖炖至汤汁变少。

变化 生姜的甜辣味道和米饭十分相配。冷了也好吃，做便当再合适不过！

20 鸡肉松调料汁

材料（2人份）

万能酱油（P.10）…2大勺
生姜…1/2片

用法

锅内放入肉末、万能酱油、姜末，中火烹调（详见右侧【美食小课堂】）。

美食小课堂

鸡肉松

材料（2人份）

鸡肉末…200克
鸡肉松调料汁…整份

制作方法

锅内放入鸡肉末、鸡肉松调料汁，大火炖至收汁，其间用筷子不停搅拌。

推荐搭配

肉可换成猪肉末，根据个人喜好也可使用金枪鱼罐头或青花鱼罐头。

变化

21,22 蘸汁和浇汁！

只需将万能酱汁兑水稀释，荞麦面、乌冬面的蘸汁和浇汁也能手到擒来。

荞麦面、乌冬面、挂面汤汁配比

	配比		
蘸汁	万能酱油	：	水
	1	：	1
浇汁	万能酱油	：	水
	1	：	2

美食小课堂

盛荞麦面

材料（2人份）

干荞麦面…150 克

蘸汁

- 万能酱油（P.10）…50 毫升
- 水…50 毫升

作料（大葱段、姜片、芥末等）…适量

制作方法

1. 将蘸汁调和后放凉。
2. 向锅内加入足量水烧开，按照荞麦面烹调时间进行烹调。煮好后捞出过冷水，冷却后沥干。
3. 碗中放入煮好的面，淋上蘸汁，加入作料调味。

美食小课堂

狸猫乌冬面

材料（2人份）

乌冬面…2 捆

炸面衣屑…适量

浇汁

- 万能酱油（P.10）…200 毫升
- 水…400 毫升

制作方法

1. 向锅内放入浇汁材料，开火煮沸，水沸后熄火。
2. 乌冬面用热水按提示煮熟，盛出，沥干后放入容器内。淋上备好的浇汁、炸面衣屑，根据个人喜好可放入葱碎、烫熟的菠菜、裙带菜等。

变化

23 天妇罗蘸汁

基础天妇罗蘸汁也可使用万能酱油与水，按照1：1配比来制作。本书第149页介绍有中式调味盐的制作方法，可根据个人喜好添加。

变化

烧得恰到好处的酱油，配上食材，口口满足！

24 炒乌冬面调料汁

材料（2人份） 万能酱油（P.10）…3 大勺

用法

用色拉油将猪肉、蔬菜、乌冬面翻炒均匀，加上万能酱油后再翻炒均匀（详见右侧【美食小课堂】）。

搭配食材

猪肉可换成肉馅、鸡肉、牛肉、鱼糕、火腿、香肠等。蔬菜也可使用蘑菇、大葱、韭菜等。

美食小课堂

炒乌冬面

材料（2人份）

熟乌冬面…2 捆

猪五花肉片…100 克

洋葱…1/8 个

圆白菜…100 克

胡萝卜…50 克

色拉油…2 小勺

炒乌冬面调料汁…整份

制作方法

1. 猪肉切成适口大小，洋葱切薄片，圆白菜切大块，胡萝卜切细丝。
2. 乌冬面用微波炉加热约20秒（这样炒的时候更易松散）。
3. 向平底锅内加入色拉油，中火加热，将步骤1的食材加入，翻炒至蔬菜变软，加入乌冬面，加入炒乌冬面调料汁，翻炒均匀。

番茄沙司

保质期
冷藏约 1 周
冷冻约 1 个月

使用番茄罐头制成，番茄沙司中凝缩了番茄罐头的清淡和鲜美。有了事先做好的番茄沙司便可省去炖煮的时间，轻松做出正宗的意大利美食。

材料

番茄罐头	洋葱末	大蒜末	橄榄油	月桂叶	盐	胡椒
400 毫升（1 罐）	1/2 个量	1 瓣量	1 大勺	1 片	1 小勺	少许

制作方法

1 向锅内加入橄榄油、蒜末，小火翻炒，炒出蒜香后加入洋葱末，转中火炒至变软。

2 放入番茄罐头、月桂叶，小火炖煮至变得黏稠。

3 加入盐、胡椒进行调味（觉得酸味太重的话，可加入白砂糖调味）。

使用推荐

还可搭配意大利面、比萨、煎蛋卷、意式水煮鱼、汤等食用。

番茄沙司的10种变化用法

变化 1

准备自己喜欢的食材，只需加入番茄沙司，极品意大利酱一步完成。

番茄酱意大利面沙司

材料（2人份）
番茄沙司（P.22）…200毫升

用法

食材稍加翻炒后加入番茄沙司，加入煮熟的意大利面搅拌均匀（详见【美食小课堂】）。

美食小课堂

培根番茄沙司意大利面

材料（2人份）

意大利面…160克
培根…2块
茄子…2根
盐…适量
橄榄油…1大勺
番茄酱意大利面沙司…整份

制作方法

1 将培根切成宽1厘米的块，茄子去蒂，切成厚1厘米的月牙状。
2 向足量的热水中加盐，按照说明书的指示将意大利面煮熟。
3 向平底锅内放入橄榄油烧热，放入步骤1的食材，稍加翻炒后加入番茄酱意大利面沙司，稍煮片刻，加入沥干水的意大利面拌匀。

变化 2 各种海鲜的味道相互融合，汇成一道鲜美菜肴。酸甜的番茄可起到去腥效果，让海鲜更加鲜美。

意式水煮鱼风味沙司

材料（2人份）

番茄沙司（P.22）…100毫升
白葡萄酒（或日本酒）…3大勺

用法

将材料混合。将鱼贝烤成焦黄色后加入沙司继续炖煮（参照【美食小课堂】）。

美食小课堂

意式水煮鱼

材料（2人份）

鲷鱼…2块
蛤蜊…150克
盐、胡椒…各少许
橄榄油…2小勺
迷迭香…1根
意式水煮鱼风味沙司…整份

制作方法

1 用盐、胡椒将鲷鱼涂抹均匀使其入味，蛤蜊吐沙清洗干净，沥干。
2 向平底锅内放入橄榄油烧热，将鲷鱼皮朝下放入锅内，中火煎炸。煎至金黄后翻面，放入蛤蜊、迷迭香和意式水煮鱼风味沙司，盖上锅盖煮3~5分钟，直至蛤蜊开口。

小贴士

无需加水，只需放入白葡萄酒和沙司，蛤蜊张开口就完成了。

变化 3 可以直接作比萨沙司使用，还可以用于制作比萨三明治哦！

比萨沙司

材料
（2张直径为17厘米的比萨饼）
番茄沙司（P.22）…4 大勺

用法
比萨涂上番茄沙司，放上备好的食材烤制（详见下方【美食小课堂】）。

美食小课堂

生火腿芝麻菜比萨

材料（2张）
比萨饼（市面上直径 17 厘米的）…2 张
马苏里拉奶酪…100 克
生火腿…2 片
芝麻菜…10 克
比萨沙司…整份

制作方法
1 比萨饼涂上比萨沙司，放上切好的马苏里拉奶酪和生火腿。
2 烤箱预热到250℃，用烤箱烤化奶酪后撒上切好的芝麻菜。

变化 4 金黄诱人的煎蛋卷之最佳搭档，同时也推荐搭配蛋包饭。

煎蛋卷番茄沙司

材料
（2人份） **番茄沙司（P.22）…100 毫升**

用法
将番茄沙司用锅或微波炉烧热淋在煎蛋卷上（详见【美食小课堂】）。

美食小课堂

奶酪煎蛋卷

材料（2人份）
鸡蛋…4 个
Ⓐ 比萨用奶酪…30 克
Ⓐ 牛奶…50 毫升
Ⓐ 盐…1/4 小勺
Ⓐ 胡椒…少许
黄油…10 克
煎蛋卷番茄沙司…整份

制作方法
1 小锅内放入煎蛋卷番茄沙司，中火加热（也可以用微波炉加热）。
2 鸡蛋充分打散后加入材料Ⓐ，充分搅拌。
3 向平底锅内放入黄油，黄油化开后加入步骤2的蛋液。大力搅拌直至蛋液呈半熟状，此时将蛋液拨到一边继续煎制。
4 盛出，淋上步骤1的沙司，也可用嫩叶菜点缀。

变化 5 番茄沙司搭配辣椒，香辣爽口。

意大利通心粉沙司

材料
（2人份）

番茄沙司（P.22）…200毫升
红辣椒…2根

用法

向锅内放入橄榄油和去子的红辣椒煸炒，放入食材稍加翻炒后放入番茄沙司。锅热后加入煮好的意大利通心粉（详见【美食小课堂】）。

美食小课堂

海鲜意大利通心粉

材料（2人份）

意大利通心粉…160克
冷冻海鲜…200克
盐…适量
橄榄油…2小勺
意大利通心粉沙司…整份

制作方法

1 将冷冻的海鲜过水煮熟，沥干。
2 意大利通心粉加盐，按照说明书的指示煮熟。
3 向平底锅内放入橄榄油和红辣椒烧热，加入步骤1的海鲜、番茄沙司稍加翻炒，然后放入煮好的意大利通心粉，翻炒均匀。

推荐搭配

就算没有配料也很好吃，可搭配蛤蜊等鱼贝类、鸡肉、肉末、香菇、茄子、红辣椒……

美食小百科

意大利通心粉

形状为斜切空心管状，空心部分容易裹住酱汁。可搭配各种酱汁食用。

小贴士

将红辣椒放入油中爆香，使红辣椒的香辣融入橄榄油中是这道菜成功的关键。

变化 6 加水勾兑成汤汁。由于勾兑后味道变淡，此时再加入食盐调味即可。

蔬菜浓汤汤料

材料
（2人份）

番茄沙司（P.22）…100 毫升
水…300 毫升

用法

水沸后加入培根、蔬菜，用番茄沙司、食盐调味（详见【美食小课堂】）。

美食小课堂

蔬菜浓汤

材料（2人份）

培根…1 片
圆白菜…60 克
胡萝卜…30 克
蔬菜浓汤汤料…整份
盐…少许

制作方法

1 圆白菜切成边长约1.5厘米的正方形。胡萝卜切成边长5毫米的小块。培根切成宽1厘米。
2 向锅内加300毫升水，水沸后放入步骤1的食材，盖上锅盖煮约10分钟，然后加入番茄沙司，稍加炖煮后加入食盐调味。
3 盛出装盘，根据喜好可加入西芹碎，撒上奶酪粉。

小贴士

放入食材盖上锅盖再炖煮的话，水分不易流失，且更节约时间。

推荐搭配

可用香肠、火腿等代替培根。可搭配土豆、青椒、牛蒡等蔬菜。

变化 7 冷热两吃皆美味。剩菜剩饭一扫而光。

普罗旺斯蔬菜杂烩沙司

材料
（2人份）
番茄沙司（P.22）…200 毫升

用法

蔬菜炒熟后加入番茄沙司，煮熟后放盐调味（详见右侧【美食小课堂】）。

推荐搭配

蔬菜可用牛蒡、莲藕、胡萝卜、白萝卜及土豆等代替。

小贴士

用橄榄油炒熟蔬菜后只需加入番茄沙司焖煮。过早放盐会导致蔬菜中的水分大量流失，因此，等到出锅前再放盐调味。

美食小课堂

普罗旺斯蔬菜杂烩

材料（2人份）

西葫芦…1/2 根
茄子…1 根
大葱…1/2 根
鲜香菇…3 朵
红青椒…1/2 个
橄榄油…2 小勺
普罗旺斯蔬菜杂烩沙司…整份
盐…少许

制作方法

1 西葫芦和茄子去蒂，切成约1.5厘米的丁。大葱切成约1.5厘米的段。鲜香菇切成4等份。红青椒切成1.5厘米的丁。
2 向锅内倒入橄榄油，油热后加入步骤1的材料，炒至油与食材充分混合。加入普罗旺斯蔬菜杂烩沙司，盖上盖子，煮约10分钟，加盐调味。

变化 8 加入辛香料，做正宗墨西哥味道。用水煮豆制作更简单。

墨西哥辣豆酱

材料
（2人份）
番茄沙司（P.22）…200 毫升
辣椒粉…1/2 小勺
红椒粉…1/2 小勺

用法

翻炒肉末，加入番茄沙司及四季豆，煮热后加入辣椒粉和红椒粉（详见【美食小课堂】）。

美食小课堂

墨西哥辣豆

材料（2人份）

什锦肉末…100 克
水煮四季豆…100 克
墨西哥辣豆酱…整份

制作方法

1 加热平底锅，放入肉末，中火翻炒。肉末炒熟后，加入番茄沙司及沥干水分的四季豆。
2 炒热后，加入辣椒粉及红椒粉调味。

变化 9 巧用隔夜米饭，省去炒制时间。

意式番茄烩饭沙司

材料
（2人份）

番茄沙司（P.22）…100毫升
水…200毫升
奶酪粉…2大勺

用法

将培根等食材放入锅内，加入熟米饭、水、番茄沙司混合，煮熟后加入奶酪粉，放盐调味（详见【美食小课堂】）。

美食小课堂

简易意式番茄烩饭

材料（2人份）

熟米饭…200克
培根…2片
黑橄榄…30克
意式番茄烩饭沙司…整份
盐…少许

制作方法

1 培根切成约1厘米的段。
2 将步骤1的培根、切成圆片的黑橄榄、米饭、水（200毫升）及番茄沙司放入平底锅内，加热。待食材煮熟后加入奶酪粉，放盐调味。
3 盛盘，若条件允许，可撒上少许意大利欧芹碎。

美食小百科

橄榄

盐渍咸橄榄。因其味道甘甜，可作为调味料，常用于炖菜、煲汤等。

变化 10 汤汁以番茄沙司为底料，加水稀释，再加入汤料熬制。

日式包菜卷沙司

材料
（2人份）

番茄沙司（P.22）…100毫升
水…200毫升
清汤汤料（粉末状）…1小勺

用法

将材料充分混合。按照右侧【美食小课堂】的步骤2，用沙司制作日式包菜卷。

美食小课堂

日式包菜卷

材料（2人份）

什锦肉末…200克
圆白菜叶…4片
盐…1/3小勺
胡椒…少许
日式包菜卷沙司…整份

制作方法

1 用刀去除圆白菜叶中间较硬部分，焯水片刻，沥干备用。
2 向肉末中加入盐和胡椒，充分搅拌后分成4等份。将肉末分别放入步骤1的圆白菜中，包成菜卷。
3 将步骤2卷好的菜卷封口朝下放入锅内，加入日式包菜卷沙司，盖上锅盖，中火加热。水沸后继续煮约10分钟。

白酱

保质期

冷藏约 1 周
冷冻约 1 个月

只要拥有一款白酱，便能轻松做出奶汁烤菜、奶汁烤饭、炖菜等深受大家喜爱的料理。白酱本身变凉后浓度会增加。因此，将其直接撒在食材上，用水充分稀释即可。

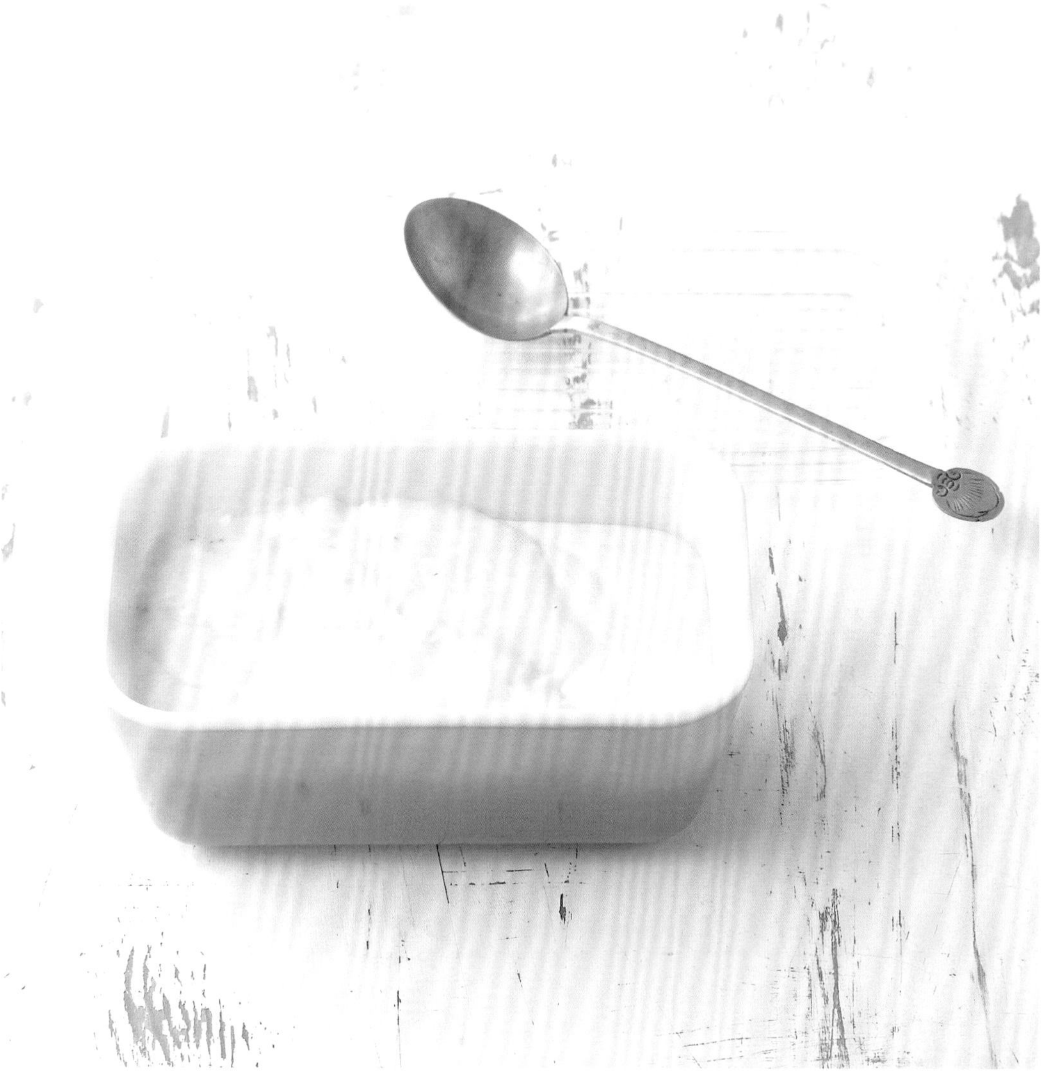

使用推荐

可用作奶汁烤菜、奶汁烤饭、沙拉酱汁，还可用于炖菜等炖煮类的基底等。除此之外，还能用于土豆泥调味！

材料

黄油	小麦粉	牛奶	月桂叶	盐	胡椒
40 克	4 大勺	600 毫升	1 片	1/3 小勺	少许

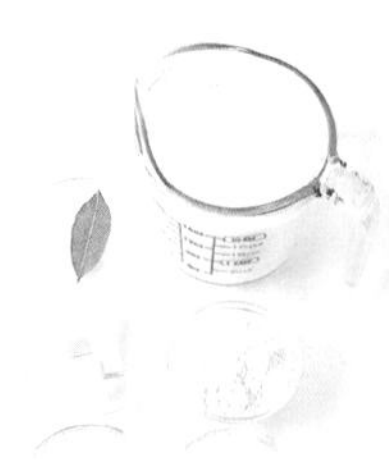

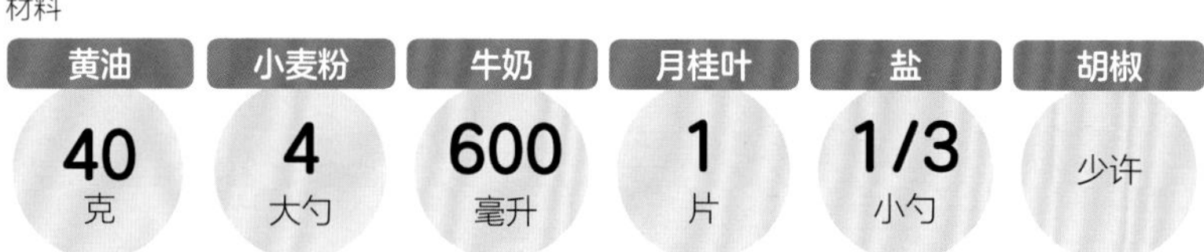

制作方法

1 向厚一点的锅内放入黄油，待黄油化开后放入小麦粉翻炒均匀。

2 待粉状颗粒消失后加入少许牛奶，充分搅拌。

3 待汤汁变顺滑后，一边搅拌一边缓缓加入剩余的牛奶。

4 加入月桂叶，用木铲搅拌锅壁和锅底，小火煮约10分钟。

5 煮至如图状态时加入盐、胡椒调味即可。

白酱的 10 种变化用法

变化 1 在炒饭、番茄烩饭等调过味的米饭上加酱汁、奶酪后烤熟。

奶汁烤饭沙司

材料
（2人份）
白酱（P.30）…200 毫升

用法
在调好味的米饭上浇白酱，放上奶酪后烤熟（详见【美食小课堂】）。

美食小课堂

咖喱奶汁烤饭

材料（2人份）
米饭…2 碗
袋装咖喱…1 人份
奶汁烤饭沙司…整份
比萨用奶酪…30 克

制作方法
1 向米饭中加入袋装咖喱，充分搅拌。
2 将步骤1中拌好的米饭放入耐热容器中，依次加入奶汁烤饭沙司和比萨用奶酪。烤箱预热到250℃后将其放入，烤至金黄。

变化 2 自制料理的最大魅力之处是：带有家的味道。

白酱炖菜沙司

材料
（2人份）
白酱（P.30）…200 毫升
水…300 毫升

用法
将肉和蔬菜用油稍加翻炒后加水炖煮，炖熟后加入白酱和盐调味（详见【美食小课堂】）。

美食小课堂

奶油炖鸡

材料（2人份）
去骨鸡腿肉…1 只
西蓝花…100 克
小洋葱…10 个
盐…适量
胡椒…少许
色拉油…2 小勺
白酱炖菜沙司…整份

制作方法
1 鸡肉切成适口大小，用少许盐和胡椒将鸡肉涂抹均匀。西蓝花切小块，洋葱去皮。
2 锅内加油烧热，放入鸡肉炒至变色，加入小洋葱后稍加翻炒，加300毫升水，盖上锅盖。煮沸后转小火，炖约10分钟。
3 加入西蓝花后再炖约3分钟，加入白酱后充分搅拌，稍稍炖煮后加入少许盐调味。

美食小百科

小洋葱
又名球葱，较小的洋葱。甜味较重，炖煮或者用烤箱烤着吃都可。若没有小洋葱，可将普通洋葱切成月牙状代替。

小贴士
当鸡肉煮熟、蔬菜变软后，立即放入白酱，用余热收汁。

美食小课堂

意式茄子千层面

材料（2人份）
茄子…4 根
比萨用奶酪…40 克
橄榄油…2 大勺
意式千层面沙司…整份

制作方法

1 茄子切成5毫米厚的片。
2 向平底锅内放入橄榄油，中火加热。放入切好的茄子炒至变色。
3 在耐热容器中依次放入一半分量的茄子、意式千层面沙司（肉酱和白酱），另一半分量以同样的方式叠放在上面。撒上奶酪，放入预热好的烤箱中（烤箱预热到250℃）烤5~8分钟至金黄（也可使用微波炉）。有条件的话也可撒上西芹碎。

小贴士

因为沙司在冷却的状态下比较浓稠，所以用勺子挖去沙司后，稍加抖动即可使其掉落。

变化 3 叠加上肉酱，美味十足的意式千层面也能手到擒来。

意式千层面沙司

材料
（2人份）
白酱（P.30）…200 毫升
肉酱（P.86，也可从市面上购买）…200 毫升

用法
在煮熟的千层面上依次叠放黄油、翻炒后的蔬菜、肉酱、白酱。撒上奶酪，放入烤箱烤熟（详见【美食小课堂】）。

推荐搭配
用饺子皮或春卷皮代替意式千层面更加简单方便。蔬菜也可使用茄子、菠菜、土豆、南瓜等。

4 家中常备白酱，美味无需等待。

奶汁烤菜沙司

材料
（2人份）
白酱（P.30）…300 毫升

用法

将肉和蔬菜用油稍加翻炒，加入白酱搅拌均匀。放入耐热容器中，撒上奶酪烤熟（详见【美食小课堂】）。

美食小课堂

什锦奶汁烤菜

材料（2人份）
去骨鸡腿肉…1 只
大葱…1 根
口蘑…1 袋
盐、胡椒…各少许
橄榄油…2 小勺
奶汁烤菜沙司…整份
比萨用奶酪…40 克

制作方法

1 鸡肉切成适口大小，用少许盐和胡椒将鸡肉涂抹均匀。葱切成3厘米的段，每段纵切成4份。口蘑切小块。

2 向平底锅内放入橄榄油，中火加热。放入切好的鸡肉炒至变色。依次放入大葱、口蘑稍加翻炒，然后放入奶汁烤菜沙司搅拌均匀。

3 将搅拌好的混合物放入耐热容器中，撒上奶酪。放入预热好的烤箱中（烤箱预热到250℃）烤约8分钟至金黄即可（也可使用微波炉）。

小贴士

在炒好的食材中加入沙司。加热后，沙司会变得黏稠，然后转移到耐热容器中。

推荐搭配

也可使用通心粉。鸡肉可用虾、培根、香肠代替，且蔬菜都可以随意搭配。加入葱或洋葱美味升级。

变化 5 口感爽滑绵软！可与汉堡包肉饼搭配食用。

土豆泥沙司

材料
（2人份）

白酱（P.30）…4 大勺

用法

向水中放入适量盐，将土豆煮至软烂。将水倒掉，加入白酱，将土豆捣成泥，使土豆与白酱充分混合即可（详见【美食小课堂】）。

美食小课堂

奶油土豆泥

材料（2人份）

土豆…3 个（340 克）
盐…1 小勺
土豆泥沙司…整份

制作方法

1 土豆去皮洗净，切成4等份，放入锅内。加水没过土豆，放入适量盐，大火加热。水沸后转至中火，煮约8分钟至土豆熟透。

2 将水倒掉，加入土豆泥沙司（图ⓐ）。不开火，将土豆捣成泥，充分搅拌直至表面变得光滑（图ⓑ）。盛入碗中，若条件允许，可撒上辣椒粉。

ⓐ ⓑ

变化 6 加入玉米及汤料，单一白酱即可变身美味汤底。

玉米汤汤料

材料
（2人份）

白酱（P.30）…100 毫升
玉米罐头（沥干水分）…1/2 杯（100 毫升）
鸡精…1 小勺
水…200 毫升

用法

用搅拌机将食材搅拌成光滑的糊状。

美食小课堂

玉米汤

材料（2人份）

玉米汤汤料…整份
盐、胡椒…各少许

制作方法

1 将玉米汤汤料放入锅内加热，煮热后，加入盐和胡椒调味。

2 盛入碗中，也可撒上香菜碎。

变化 7 一碗鲜美贝汤，一次丰富的味蕾体验。配上面包，敬请享用。

蛤蜊浓汤汤料

材料
（2人份） 白酱（P.30）…150 毫升
白葡萄酒…50 毫升
水…200 毫升

用法

将白葡萄酒蛤蜊汤倒入海鲜及蔬菜中，加水稍煮片刻。加入白酱，煮热后加盐调味（详见【美食小课堂】）。

美食小课堂

蛤蜊浓汤

材料（2人份）

蛤蜊…200 克
土豆…1 个
洋葱…1/4 个
盐…少许
蛤蜊浓汤汤料…整份

制作方法

1 蛤蜊吐沙洗净，沥干水分，放入锅内。倒入白葡萄酒，盖上锅盖，中火蒸约3分钟至开壳。从壳中取出蛤蜊肉，蛤蜊汤盛出备用。
2 土豆和洋葱切成1厘米大小的块。
3 将步骤1的蛤蜊汤和步骤2的土豆及洋葱放入锅内，加入200毫升水，盖上盖子，中火煮约5分钟。待蔬菜煮熟后，加入蛤蜊肉及白酱，煮热后加盐调味。
4 盛入碗中即可。还可撒上少许西芹碎。

变化 8 牡蛎、鲑鱼、三文鱼、虾等海鲜的鲜美层层渗入酱汁，美味升级。

奶油海鲜汤汤汁

材料
（2人份）
白酱（P.30）…200 毫升
白葡萄酒…100 毫升
水…100 毫升

用法

将海鲜放入锅内，倒入白葡萄酒，煮沸后，加入水、白酱及蔬菜等继续炖煮。出锅前加入盐和胡椒调味（详见右侧【美食小课堂】）。

美食小课堂

菠菜牡蛎奶油汤

材料（2人份）

牡蛎…150 克
菠菜…150 克
奶油海鲜汤汤汁…整份
盐、胡椒…各少许

制作方法

1 牡蛎洗净，沥干水分。菠菜焯水，水中放入适量盐，挤干后切碎备用。
2 锅内加入牡蛎及白葡萄酒，煮沸后加入100毫升水、白酱及菠菜。稍煮片刻后，加入盐和胡椒调味。

9 家中常备这款酱料，轻松做出咖啡馆风的西式料理。

法式吐司沙司

材料
（2人份）
白酱（P.30）…6大勺

用法
在面包片上涂一层白酱，铺上食材，再按沙司、面包、沙司、奶酪的顺序叠加，用烤箱烤至金黄即可（详见【美食小课堂】）。

美食小课堂

法式热吐司三明治

材料（2人份）
面包片…4片
火腿…2片
法式吐司沙司…整份
比萨用奶酪…30克

制作方法
1 将1/3份法式吐司沙司分别涂在2片面包片上，铺上火腿。取剩余沙司的一半，分别涂抹于火腿上。再盖上剩余的2片面包，在外层均匀涂上剩余的沙司，撒上比萨用奶酪。
2 放入烤箱，烤至金黄即可。

变化 10

巧用隔夜饭，美味即刻来。

简易烩饭沙司

材料
（2人份）
白酱（P.30）…100毫升
水…200毫升
奶酪粉…2大勺

用法
将食材与米饭、水、白酱充分混合，稍煮片刻后，加入奶酪粉（详见右侧【美食小课堂】）。

美食小课堂

简易三文鱼烩饭

材料（2人份）
米饭…2碗
熏制三文鱼…8片
绿橄榄…30克
简易烩饭沙司…整份

制作方法
1 将熏制三文鱼切成适口大小。将熟米饭、熏制三文鱼、切成圆片的橄榄、200毫升水及白酱放入平底锅内，中火加热。
2 稍煮片刻后，加入奶酪粉，充分搅拌。盛盘，若条件允许，可撒上意大利欧芹碎。

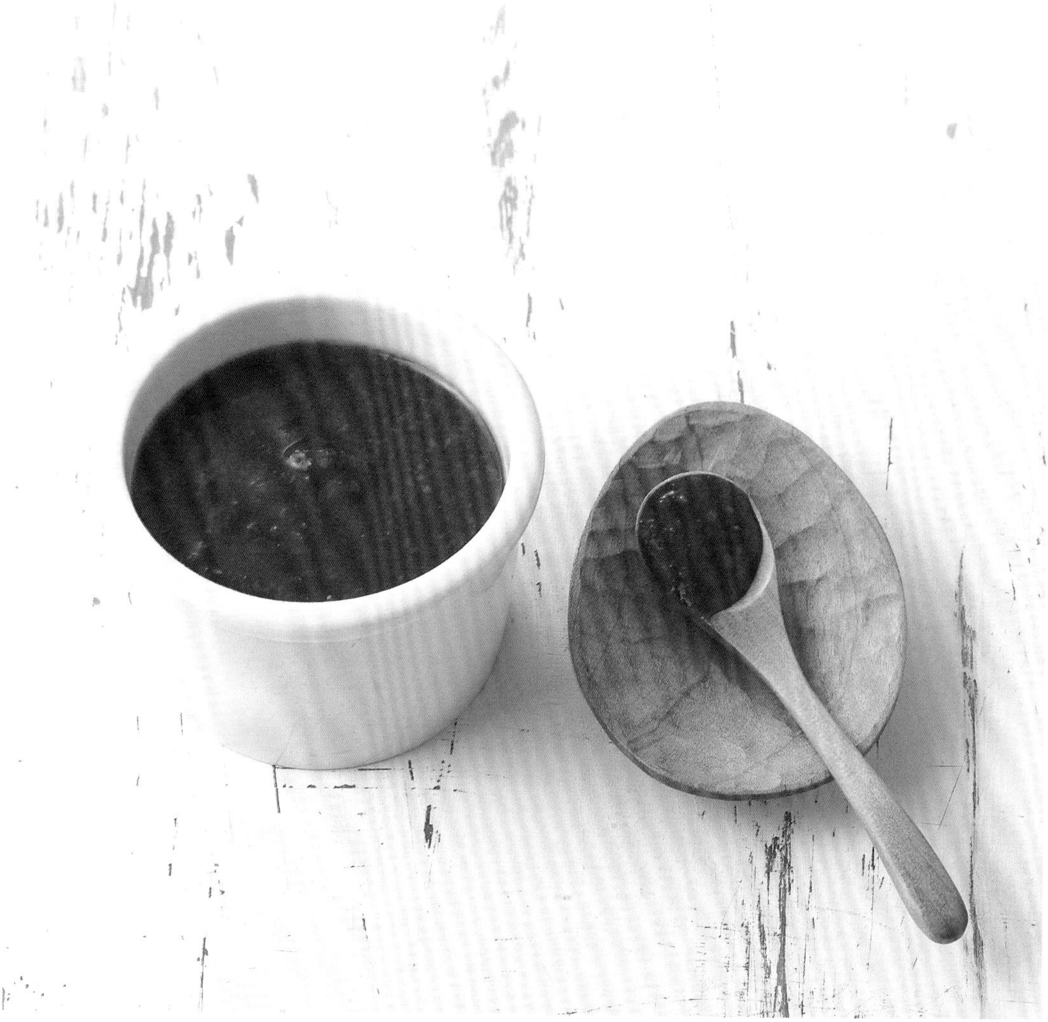

味噌酱

保质期
冷藏约 2 周
冷冻约 3 个月

味噌酱带有稍许甜味，十分下饭。

不仅可以直接作为淋酱使用，还可用于炖煮、腌制、烧烤、炒菜，让平淡无奇的家常菜惊艳你的味蕾。

只要家中常备这样一款味噌酱，味噌风味的日式料理样样手到擒来。

材料

味噌	酒	味醂	白砂糖
5 大勺	2 大勺	2 大勺	2 大勺

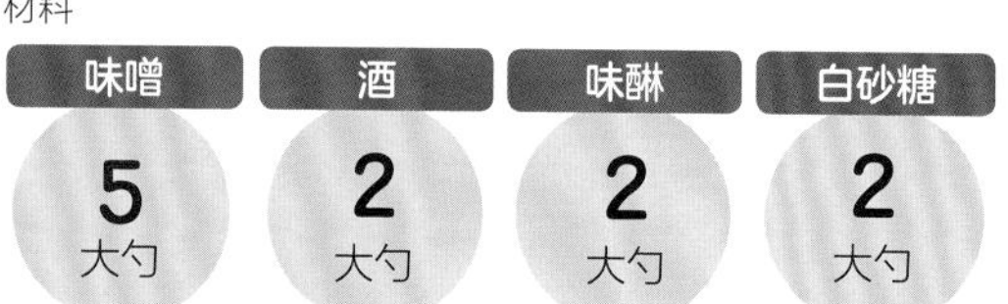

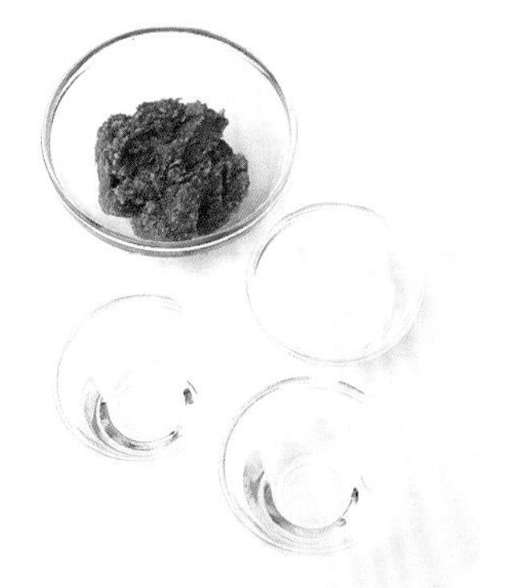

制作方法

1 将酒及味醂倒入锅内，中火加热，煮沸。

2 加入白砂糖及味噌酱。

3 充分搅拌均匀至表面光滑，熄火。

使用推荐

可用于制作味噌萝卜、味噌煮青花鱼、鱼肉杂蔬铁板烧、炖肉松、日式酱烤串及味噌腌床。

味噌酱的 10 种变化用法

变化 1

海带的味道与萝卜完美融合，再搭配浓浓味噌，别有一番风味。

味噌萝卜酱

材料

（2人份）

味噌酱（P.38）…2 大勺

用法

将萝卜煮至变软，再浇上味噌酱即可。

美食小课堂

味噌萝卜

材料（2人份）

萝卜（2 厘米厚的墩状）…4 块

海带…5 厘米

味噌萝卜酱…整份

制作方法

1 将海带放入锅内，注水至深度约为萝卜的厚度，放置片刻。萝卜削皮刮圆，中间划十字刀。

2 取出步骤1的海带，将萝卜均匀放入，不要重叠。中火加热。煮约30分钟，至能轻易插入牙签为止。

3 盛盘，浇上味噌萝卜酱即可。

变化 2 用味噌腌制鱼、肉，不仅可以防止变质、持久保鲜，还可使肉质软嫩爽滑。

味噌腌床

材料

（可腌制100克食材的分量）

味噌酱（P.38）…1大勺

味噌酱菜的制作方法

将蔬菜及奶酪等放入保鲜袋中，轻轻揉搓，使酱料均匀覆在食材表面。放入冰箱冷藏，腌制12小时以上。24小时后方可食用。

味噌烤肉的制作方法

在肉或鱼的表面涂上一层薄薄的酱汁。用平底锅煎制，或用烤鱼架烤制。

推荐搭配

可搭配腌萝卜、芜菁、芍药等酱菜，还可搭配酱烤鸡肉、鱼块、鱿鱼及虾等。

美食小课堂1

味噌烤猪肉

材料（2人份）

里脊肉厚片…2片

色拉油…少许

味噌腌床…2份（2大勺）

制作方法

1 猪肉去筋，抹上味噌腌床，置于盘中。盖上一层保鲜膜，使之与肉完全贴合。放入冰箱，冷藏约12小时。

2 向平底锅内倒入色拉油，中火加热。拭干步骤1材料表面的酱汁，并将其放入锅内，煎至两面金黄。

3 将炸猪排切成适口大小，盛入盘中，根据个人喜好可添加辣椒或绿紫苏。

小贴士

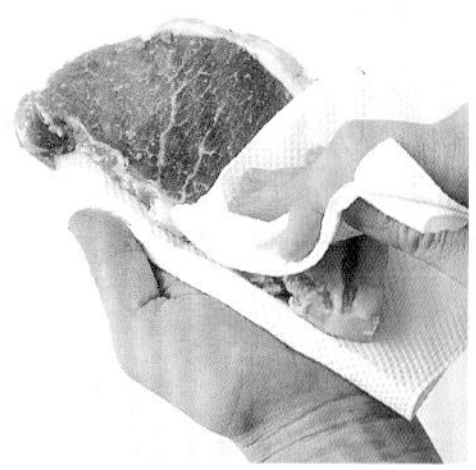

将味噌酱涂于猪肉表面后，再盖上保鲜膜，使之与肉完全贴合。这样做的好处在于，即使用很少的酱料也能使肉腌制入味。为防止糊锅，最好将猪肉表面的酱汁擦拭干净后再放入锅内煎。

变化 3

调味一步搞定！
酱香浓郁，十分下饭。

味噌炒菜酱

材料
（2人份）
味噌酱（P.38）…2大勺

用法
锅内倒油，食材炒熟后，放入味噌酱调味（详见【美食小课堂】）。

推荐搭配
可用猪肉、鸡肉、肉末等富含蛋白质的肉类搭配圆白菜、青椒、胡萝卜或洋葱等蔬菜，一同炒制。

美食小课堂

茄子烧牛肉

材料（2人份）
牛肉…100克
茄子…3根
大蒜…1瓣
芝麻油…1大勺
味噌炒菜酱…整份

制作方法
1 茄子纵向切成4等份，大蒜纵向切成两半。
2 向平底锅内倒入芝麻油，加入大蒜，中火加热，炒至出味后，加入牛肉和茄子继续翻炒。待食材煮熟后，加入味噌炒菜酱，充分翻炒均匀。

美食小课堂2

马苏里拉奶酪酱菜

材料（2人份）
马苏里拉奶酪…1块（100克）
味噌腌床（P.40）…整份（1大勺）

制作方法
1 将马苏里拉奶酪、味噌腌床放入保鲜袋，轻轻揉搓，挤出空气，封口。放入冰箱冷藏，腌制一晚。
2 拭干步骤1材料中的多余酱汁，切成薄片。

小贴士

使用保鲜袋，不但能充分腌制，而且容易收拾。

美食小课堂

鲑鱼杂蔬烧

材料（2人份）

鲜鲑鱼…2 块
圆白菜…150 克
洋葱…1/4 个
青椒…3 个
盐…1/4 小勺
鱼肉杂蔬烧调料汁…整份

制作方法

1 鲑鱼撒盐。
2 将圆白菜切成大块，洋葱切成薄片，青椒纵向切成4等份。
3 将步骤2的材料平铺于平底锅内，放上步骤1的鱼，浇上味噌酱。沿着锅边倒入一圈酒，盖上锅盖，中火焖约10分钟。
4 放上黄油，待黄油稍微化开后，将鱼肉捣散，将各食材充分搅拌均匀即可。

小贴士

将鱼肉铺在蔬菜上面，可使鱼肉受热均匀、煮出来的鱼肉鲜嫩多汁。加入味噌酱和酒烘烤。

变化 4 用味噌酱和黄油做北海道特色料理，充分搅拌蔬菜与鲑鱼后即可享用！

鱼肉杂蔬烧调料汁

材料
（2人份）

味噌酱（P.38）…3 大勺
酒…4 大勺
黄油…10 克

用法

将鱼肉铺在蔬菜上面，加入酒烘烤，煮熟后放上黄油，充分搅拌均匀即可（详见右上方【美食小课堂】）。

推荐搭配

蔬菜可换成豆芽、胡萝卜或香菇等。也可以使用冰箱里剩余的蔬菜。

5 充分搅拌肉末与食材，即可做出美味的肉末炖土豆。每一口都充满味噌的香浓。

肉末炖土豆汤汁

材料
（2人份）

味噌酱（P.38）…1.5大勺
水…约200毫升

用法

肉末炒至变色，加入土豆，加水没过食材，盖上锅盖。水沸后加入味噌酱，炖约10分钟（详见右侧【美食小课堂】）。

推荐搭配

若喜欢清淡口味，可将猪肉末换成鸡肉末。土豆可用焯水去涩后的芋头代替。

美食小课堂

肉末炖土豆

材料（2人份）

肉末…100克
土豆…三四个（400克）
肉末炖土豆汤汁…整份

制作方法

1 土豆切成适口大小。
2 将锅烧热，放入肉末，中火翻炒。加入步骤1的土豆，加水（约200毫升）没过食材，盖上锅盖。水沸后加入味噌酱，炖约10分钟。

小贴士

水沸后再加入味噌酱。待土豆或芋头煮至变色后再加入酱汁，更易入味。

变化 6 只要事先做好酱汁，人气青花鱼料理也能手到擒来，美味零失误！

味噌青花鱼汤汁

材料

（2人份）

味噌酱（P.38）…4 大勺
生姜…1 片
酒…50 毫升
水…约 300 毫升

用法

向锅内放入姜片和酒，水沸后加入青花鱼和味噌酱，待酱料化开后盖上锅盖，继续焖煮（详见【美食小课堂】）。

美食小课堂

味噌煮青花鱼

材料（2人份）

青花鱼（半条）…2 块
味噌青花鱼汤汁…整份

制作方法

1 将2块青花鱼分别斜切成两半，在鱼皮上划两刀，焯水后洗净，沥干水分。
2 向平底锅内放入姜、酒，加水（约300毫升）至青花鱼厚度的一半左右。大火加热，煮沸后加入步骤1的青花鱼，撇去浮沫后转中火继续煮约5分钟。
3 加入味噌酱，待酱汁充分融化后，盖上锅盖，继续煮约5分钟。

小贴士

待汤汁煮沸后再放入青花鱼是关键，酱汁要淋在鱼肉的划痕上。

味噌酱不要过早加入。在食材煮熟后再加入味噌酱，酱味更加香浓。

变化 7 在家想吃烤肉，就试试山河烧。加入味噌及香料，让鱼腥味都跑光光。

山河烧调味料

材料（2人份）

味噌酱（P.38）…1 大勺
大葱…5 厘米
野姜…1 个
生姜…1 片

用法

将大葱、野姜、生姜切末，与味噌酱混合。参照【美食小课堂】的步骤2，将调味料与竹荚鱼混合并煎制。

美食小课堂

竹荚鱼山河烧

材料（2人份）

竹荚鱼…1 条
山河烧调味料…整份
绿紫苏…4 片
色拉油…少许

制作方法

1 用勺子挖取鱼肉并用菜刀拍打。
2 将步骤1的竹荚鱼与山河烧调味料充分混合，分成4等份，揉成团，盖上绿紫苏。
3 锅内倒油，中火加热，放入步骤2的材料，煎至两面焦黄。

变化 8 味噌酱加上葱与芝麻，满满酱香，实属一绝！

田乐酱

材料（2人份）

味噌酱（P.38）…2 大勺
小葱末…1 大勺
白芝麻…1 小勺

用法

将味噌酱浇在蔬菜和炸厚豆腐上，撒上葱末、白芝麻，用烤箱或烤鱼架烤制（详见【美食小课堂】）。

美食小课堂

田乐酱炸豆腐

材料（2人份）

炸厚豆腐…1 块
田乐酱…整份

制作方法

将炸厚豆腐切成两半后，再分别切两半。将豆腐置于铝箔上，浇上味噌酱，撒上小葱末、白芝麻。用烤箱或烤鱼架烤至金黄。

变化 9 轻松做出居酒屋人气料理。内脏要事先焯水哦！

炖杂碎调料汁

材料（2人份）

味噌酱（P.38）…3 大勺

用法

加水没过杂碎、大蒜、生姜。焯水后放入蔬菜，稍煮片刻。加入味噌酱，炖约10分钟（详见【美食小课堂】）。

美食小课堂

炖猪杂

材料（2人份）

猪杂…200 克
萝卜…150 克
胡萝卜…50 克
牛蒡…1/2 根
大蒜…1 瓣
生姜…1 块
炖杂碎调料汁…整份
大葱…1/2 根

制作方法

1 猪杂焯水洗净，沥干。
2 将萝卜和胡萝卜切成5毫米宽的丁。牛蒡切斜片。蒜和姜切片。
3 将步骤1的猪杂和大蒜、姜放入锅内，加水没过食材，盖上锅盖，中火加热。水沸后转小火，煮约30分钟。加蔬菜，保持食材浸在水中，继续煮约5分钟。
4 加入炖杂碎调料汁，中火炖约10分钟。撒上葱末，根据个人喜好可撒上七味辣椒粉。

变化 10 使平淡无奇的汤菜更加香浓，成为与菜肴比肩的美味靓汤！

猪肉酱汤汤汁

材料（二三人份）

味噌酱（P.38）…3 大勺
水…500 毫升

用法

猪肉与蔬菜用芝麻油翻炒，加水，盖上锅盖炖煮约10分钟，使酱料与食材充分混合（详见【美食小课堂】）。

美食小课堂

猪肉酱汤

材料（二三人份）

猪肉块…80 克
牛蒡…1/2 根
芋头…100 克
大葱…1/4 根
胡萝卜…30 克
萝卜…60 克
魔芋…100 克
芝麻油…2 小勺
猪肉酱汤汤汁…整份

制作方法

1 牛蒡切斜片，芋头切成适口大小。大葱切成1厘米长的段，胡萝卜和萝卜切丁。魔芋焯水后切成适口大小。
2 向锅内倒入芝麻油，油热后放入猪肉和步骤1的材料，翻炒均匀。加500毫升水，盖上锅盖，焖约10分钟。加入酱汁，搅拌均匀。

中式美味调料汁

保质期

冷藏约 2 周

出众的醇香是其最大的魅力。使用葱、生姜、大蒜、肉桂、八角等香料，搭配绍兴酒的香甜与浓烈。无论煎炒烹炸，还是腌菜，都能瞬间变身为高级中式料理。

材料

酱油	味醂	绍兴酒（或白酒）	砂糖	大葱（葱绿）	生姜片
100 毫升	50 毫升	50 毫升	2 大勺	1 根	1 块量

大蒜片	去子干辣椒	肉桂	八角	鸡精	芝麻油
1 瓣量	1 根	1 根	2 个	1 小勺	1 小勺

制作方法

使用推荐

可用于炒饭，也可用作炸茄子的蘸汁或炸排骨等油炸食品的腌料。除此之外，还可与中式糯米饭搭配食用。

1 向锅内放入备好的材料（除芝麻油外），中火煮沸。

2 熄火放入芝麻油。

3 将煮好的调料汁放入密封容器中，3天后取出葱段。

中式美味调料汁的 4 种变化用法

变化 1

油炸食品蘸上备好的酱汁，放凉后，更加入味。

中式炸物调料汁

材料
（2人份）

中式美味调料汁（P.46）…3 大勺

用法

将茄子等蔬菜用油炸过，蘸上中式美味调料汁（详见【美食小课堂】）。

美食小课堂

中式炸茄子

材料（2人份）

茄子…3 根

炸制用油…适量

中式炸物调料汁…整份

制作方法

1 茄子纵向切成4份。

2 锅内加油，将油温加热到170℃后，放入茄子炸至金黄，捞出并沥去多余油分。趁热蘸上中式炸物调料汁。

3 装盘，也可撒上香菜碎加以点缀。

变化 2

普通的炒饭加上酱汁，美味更上一层楼。
出锅前稍加酱汁就能提升风味。

炒饭调味汁

材料
（2人份）
中式美味调料汁（P.46）…2 大勺

用法
鸡蛋和米饭用芝麻油翻炒均匀后加入葱、中式美味调料汁，用盐、胡椒调味即可（详见【美食小课堂】）。

美食小课堂

蛋炒饭

材料（2人份）
米饭…2 碗
鸡蛋…2 个
小葱末…2 大勺
芝麻油…1 大勺
炒饭调味汁…整份
盐、胡椒…各少许

制作方法
1 鸡蛋打散。
2 向平底锅内放入芝麻油，中火加热。放入米饭和步骤1中的鸡蛋，大火翻炒至米饭松散后放入葱末，沿锅边缓缓倒入炒饭调味汁，翻炒均匀，加入盐、胡椒调味。

推荐搭配
添加两种配菜更能体现酱汁的美味。如青椒、青豌豆、玉米、叉烧等。

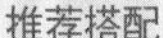

变化 3 将用酱汁腌过的猪肉裹上蛋液，放入锅内油炸即可。

排骨调料汁

材料（2人份） 中式美味调料汁（P.46）…2大勺

用法

将备好的猪肉涂满中式美味调料汁后，静置30分钟。裹上蛋液，在170℃的油温下炸制（详见【美食小课堂】）。

美食小课堂

炸排骨

材料（2人份）

猪里脊肉厚片…2块

Ⓐ
- **鸡蛋…1个**
- **淀粉…2大勺**
- **面粉…4大勺**
- **水…1大勺**

排骨调料汁…整份

炸制用油…适量

小贴士

在小一点的容器中放入猪肉，淋上调味汁，再在猪肉表面封上保鲜膜更易入味。

制作方法

1. 猪肉去筋，并用刀在猪肉上划几刀。涂上排骨调料汁，静置约30分钟，使其入味。
2. 将Ⓐ中的调料混合均匀。
3. 沥去步骤1的猪肉中多余的调料汁，将猪肉放入步骤2混合好的调料中沾裹均匀。油温加热到170℃，放入备好的猪肉炸至外表酥脆后捞出。沥去多余油分，切成适口大小后装盘。

＊推荐蔬菜搭配：150克菠菜焯水后沥干，切成大段。锅内放入1小勺芝麻油，稍加翻炒后拌入1/2勺中式美味调味汁（P.46），出锅后浇在菠菜上即可。

变化 4 作为米饭中肉类的腌料使用，同时还能起到调味作用。

中式糯米饭调料汁

材料（2杯米的分量）

中式美味调料汁（P.46）…3大勺

用法

猪肉用中式美味调料汁腌入味。在电饭煲中放入糯米、香菇、白果后，将腌好的猪肉连着腌泡液一起倒入电饭煲。再向电饭煲中加水至2杯米的刻度线处，在香糯饭的模式下煮熟（详见【美食小课堂】）。

美食小课堂

中式糯米饭

材料（2杯米的分量）

糯米…2杯（360毫升）

猪里脊肉块…100克

鲜香菇…2朵

白果罐头…1罐（55克）

中式美味调料汁…整份

制作方法

1. 猪里脊肉切成边长1.5厘米的方块，加入中式美味调料汁，腌至入味。
2. 糯米洗净后沥干，香菇切成1.5厘米的块。
3. 向电饭煲中依次放入糯米、香菇、沥干的白果，再加入腌渍好的猪里脊肉和腌泡液，加入适量水，在香糯饭的模式下蒸熟（若没有可用标准模式）。

小贴士

用中华美味调料汁腌好猪里脊肉后，为使调味汁能够渗入米饭中，要将调料汁一起倒入电饭煲中。

意大利青酱

保质期
冷藏约 2 周
冷冻约 3 个月

带你享受新鲜罗勒的清爽香味。松子炒过之后，具有更加浓郁的香味。保质期长，易储存。需要的时候只需撒上意大利青酱，随时都能做出美味人气料理。

使用推荐

可用于意大利面、嫩煎肉、卡布里沙拉等，炒菜、拌菜也可使用。

材料

罗勒叶	松子	帕马森奶酪	橄榄油	大蒜	盐	胡椒
50克	40克	（约2大勺）20克	100毫升	1瓣	1/2小勺	少许

制作方法

1 将罗勒叶用水洗净，沥干。

2 松子翻炒至变色并产生香味。

3 将所有食材放入搅拌机中，搅拌至黏稠顺滑。

4 放入密封容器中，盖上保鲜膜防止变色。

意大利青酱的 4 种变化用法

变化 1 最能体现意大利青酱魅力的，还得是意大利面食。无需配菜，简单又可口。

青酱意大利面沙司

材料

（2人份）

青酱（P.50）…4 大勺

意大利面煮汤…100 毫升

用法

向容器中加入青酱和意大利面煮汤调和均匀，隔水加热。然后放入煮好的意大利面（详见【美食小课堂】）。

美食小课堂

青酱意大利面

材料（2人份）

意大利面…160 克

盐…适量

青酱意大利面沙司…整份

制作方法

1 意大利面加盐，按照规定时间煮熟。

2 将青酱放入容器中，在意大利面煮熟前1分钟，取出100毫升面汤放入到青酱中，隔水加热。

3 意大利面捞出沥干，在上面浇淋步骤2中调制好的青酱汁，搅拌均匀。盛盘，也可用罗勒叶稍加点缀。

变化 2 罗勒叶沁人的香气和鱼贝类也很搭。可搭配扇贝、乌贼。

青酱炒菜沙司

材料
（2人份）

青酱（P.50）…2 大勺

用法

将食材用橄榄油稍加翻炒后，加入青酱调味（详见【美食小课堂】）。

美食小课堂

青酱土豆炒章鱼

材料（2人份）

章鱼…100 克
土豆…150 克
橄榄油…1 小勺
青酱炒菜沙司…整份

制作方法

1. 将煮熟的章鱼切成适口大小，土豆切成1.5厘米见方的块。
2. 向平底锅内倒入橄榄油，烧热。放入土豆转中小火慢慢炒熟。
3. 煮熟后加入章鱼翻炒均匀。加入青酱炒菜沙司调味。

小贴士

土豆充分炒熟后再放入易熟的章鱼，充分搅拌后放入青酱炒菜沙司调味即可。

变化 3 青酱是加入橄榄油制成的，搭配上卡布里沙拉也是不错的选择。

卡布里沙拉酱

材料
（2人份）

青酱（P.50）…2 小勺

用法

在切成薄片的番茄和马苏里拉奶酪上淋青酱（详见【美食小课堂】）。

美食小课堂

奶酪拌番茄卡布里沙拉

材料（2人份）

番茄…1 个
马苏里拉奶酪…1 块
卡布里沙拉酱…整份

制作方法

1. 将番茄和奶酪切成薄片。
2. 将切好的番茄和奶酪放入容器中，淋上卡布里沙拉酱。

4 青酱独特的酱香更能提升青鱼的鲜香。

嫩煎鱼排沙司

材料
（2人份）

青酱（P.50）…4 小勺

用法

在切成两半的沙丁鱼上依次叠放沙司、生火腿、沙司。对折后用牙签固定。裹上面粉，用橄榄油煎熟（详见【美食小课堂】）。

美食小课堂

青酱嫩煎沙丁鱼

材料（2人份）

沙丁鱼…4 条
生火腿…2 片
嫩煎鱼排沙司…整份
面粉…1 大勺
橄榄油…1 大勺
柠檬…1/2 个

制作方法

1. 生火腿对半切开。
2. 沙丁鱼掰开平摊，将半份嫩煎鱼排沙司依次涂抹在4条沙丁鱼上，叠放上一片生火腿。剩余沙司均分涂抹到生火腿上。将沙丁鱼横向对折，用牙签固定。
3. 备好的沙丁鱼裹上面粉。向平底锅内放入橄榄油，油热后放入沙丁鱼煎至金黄。装盘盛出。将柠檬切成月牙状摆盘。

推荐搭配

青酱是青鱼的最佳拍档。除沙丁鱼外，还可搭配青花鱼、竹荚鱼等青鱼。

小贴士

青酱和生火腿的顺序为：青酱、生火腿、青酱。生火腿的作用是提供盐分和香醇。

咖喱卤

保质期
冷藏约 1 周
冷冻约 3 个月

炒出洋葱的甘甜、用各种调味料做成的咖喱卤，只需将其放入煮汤中充分溶解，美味人气咖喱就完成了。做好后，稍加静置放凉，待其变得黏稠后口感更佳。

材料

辛香料	咖喱粉	洋葱末	大蒜末	生姜末	黄油
见下方	2 小勺	1 个量	1 瓣量	1 块量	40 克

面粉	番茄酱	清汤底料颗粒	水	盐	胡椒
3 大勺	3 大勺	1 小勺	3 大勺	1 小勺	少许

使用推荐

根据使用的食材不同，咖喱也能变身成椰子咖喱。炒米粉、咖喱乌冬面任你做。

* 辛香料由姜黄、辣椒粉、香菜、肉豆蔻、肉桂粉、印度综合香料、小茴香各2小勺组成。

制作方法

1 向平底锅内放入辛香料和咖喱粉，中火翻炒，炒出香味后盛出备用。

2 洗净平底锅放入黄油，待黄油化开后放入洋葱末、蒜末、姜末，中小火慢慢翻炒。

3 洋葱变成焦黄色时放入面粉继续翻炒。

4 充分翻炒后放入番茄酱、清汤底料颗粒和步骤1的调味料，加入适量水、盐、胡椒，翻炒均匀。

咖喱卤的 4 种变化用法

变化 1 与市面上卖的咖喱卤相同，待食材变软后放入即可。

咖喱酱

材料（二三人份）

咖喱卤（P.54）…150 克
水…400 毫升
盐…少许

用法

蔬菜和肉用油稍加翻炒后加水煮至变软，加入咖喱卤煮化，加盐调味（详见【美食小课堂】）。

美食小课堂

咖喱牛肉

材料（二三人份）

米饭…二三碗
牛肋条肉块…150 克
土豆…1 个
洋葱…1/4 个
胡萝卜…1/3 根
盐、胡椒…各少许
色拉油…2 小勺
咖喱酱…整份

制作方法

1 牛肉撒上盐、胡椒，使其入味。土豆、胡萝卜切成适口大小，洋葱切成月牙状。
2 向锅内加入色拉油，中火加热，依次放入备好的牛肉、洋葱、胡萝卜翻炒。翻炒均匀后加水400毫升，盖上锅盖中小火炖煮约20分钟。放入土豆继续炖煮约10分钟。
3 熄火，放入咖喱卤，煮化后，中火加热，放入盐调味，淋在已装盘的米饭上。

变化 2 椰奶搭配鱼露，地域风味料理也能手到擒来。

椰子咖喱酱

材料
（2人份）

咖喱卤（P.54）…70克
椰奶…200毫升
水…200毫升
鱼露…1大勺
胡椒…少许

用法

锅内倒油，放入肉和青菜翻炒均匀后，加入椰奶和水进行炖煮，放入咖喱卤待其充分溶解，加入鱼露和胡椒调味（详见【美食小课堂】）。

美食小课堂

咖喱椰子鸡

材料（2人份）

茉莉香米（已煮熟）…2碗
鸡翅根…6个
杏鲍菇…1个
盐、胡椒…各少许
色拉油…2小勺
椰子咖喱酱…整份

制作方法

1 用盐、胡椒将鸡翅根涂抹均匀使其入味，杏鲍菇切成适中薄片。
2 向平底锅内加入色拉油，中火加热，放入鸡翅根煎至表面金黄。加入杏鲍菇稍加翻炒。
3 加入200毫升椰奶和水，加热后熄火。放入咖喱卤使其充分溶解，再次用中火加热，放入鱼露和胡椒调味。
4 淋在已装盘的米饭旁。

小贴士

用小勺舀取咖喱卤放入锅内煮化。

使地域风味料理更加正宗的秘诀在于做好后再加入调味料。

美食小百科

茉莉香米

一种高品质的印度米，是泰国的特产。其特点在于特有的甜香和口感。做法和普通大米一样。

变化 3 只需事先将咖喱卤放入热水中化开，即可轻松做出美味米粉。

咖喱米粉调味料

材料
（2人份）

咖喱卤（P.54）…2 大勺
热水…100 毫升

用法

用热水将咖喱卤充分稀释。按照【美食小课堂】的步骤3，将卤汁淋在食材上并均匀翻炒，加入酱油调味即可。

美食小课堂

咖喱米粉

材料（2人份）

米粉…70 克
猪肉…100 克
韭菜…50 克
洋葱…1/2 个
花生…20 克
樱花虾…3 克
色拉油…2 小勺
咖喱米粉调味料…整份
酱油…1 小勺

制作方法

1 猪肉切成宽1厘米的块。韭菜任意切段，洋葱切薄片，花生捣碎。
2 米粉用热水泡开后沥干备用。
3 向平底锅内加入色拉油，中火加热，放入备好的猪肉，洋葱翻炒。放入韭菜、米粉继续翻炒后，放入咖喱米粉调味料充分搅拌，放入酱油调味。
4 装盘盛出。撒上樱花虾和花生，也可撒上香菜。

变化 4 浇上面汁，日式风味即刻到来。强烈推荐作为快手午餐。

咖喱乌冬面汁

材料
（2人份）

咖喱卤（P.54）…100 克
面汁（3 倍浓度）…90 毫升
水…700 毫升

用法

水沸后放入肉、蔬菜焯熟，加入面汁、稀释后的咖喱卤，然后放入煮好的乌冬面加热（详见右侧【美食小课堂】）。

美食小课堂

咖喱乌冬面

材料（2人份）

煮好的乌冬面…2 捆
猪肋条肉…100 克
油炸豆腐…1 块
大葱…1/2 根
荷兰豆…10 片
咖喱乌冬面汁…整份

制作方法

1 猪肉切成适口大小，油炸豆腐浸热水后切成宽1厘米的块。葱切斜刀，豆角去筋。
2 锅内加700毫升水煮沸，放入猪肉、油炸豆腐、大葱。猪肉炒至变色后放入面汁、豆角，熄火，放入咖喱卤充分搅拌。
3 放入乌冬面继续炖煮至温热，即可装盘盛出。

韩式辣椒酱调料汁

保质期
冷藏约 2 周
冷冻约 3 个月

集香辣与甘甜于一身的韩式辣椒酱混合上香料、芝麻、酒、油等，正宗的韩国辣酱就完成了。使用这个酱汁无论是煎炒烹炸还是直接蘸酱都能轻松做出韩国风料理。很有常备价值。

材料

韩式辣椒酱	芝麻油	大蒜末	白砂糖	酱油	酒	白芝麻
3 大勺	1 大勺	1 小勺	2 小勺	1 大勺	1 小勺	1 小勺

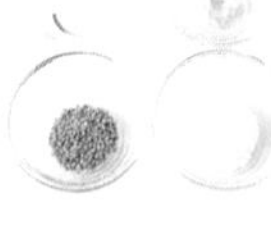

制作方法

将所有材料混合后搅拌均匀。

使用推荐

除可用于炒菜外，还能用于刺身、拌青菜等。除此之外，还可用于腌肉、五花肉酱料等。

韩式辣椒酱调料汁的 2 种变化用法

变化 1 只需在炒好的食材上浇淋韩式辣椒酱调料汁调味即可。

韩式炒粉丝调味汁

材料
（2人份）

韩式辣椒酱调料汁（P.58）…1.5大勺

用法

食材过油后，淋上韩式辣椒酱调料汁调味，配以韭菜即可（详见【美食小课堂】）。

美食小课堂

韩式炒粉丝

材料和制作方法（2人份）

1 将100克牛肉切成宽2厘米的块。洋葱、辣椒各1/4个和3朵鲜香菇分别切薄片，30克韭菜任意切段。
2 90克粉丝（尽量使用韩国粉丝）浸热水充分泡开。
3 向平底锅内加入2小勺芝麻油，中火加热，依次放入牛肉、洋葱、红辣椒、香菇、粉丝翻炒。牛肉变色后放入整份韩式炒粉丝调味汁翻炒，然后放入韭菜翻炒均匀。

变化 2 利用金枪鱼等刺身制作，美味又便捷。搭配盖饭和下酒菜最合适不过了。

韩式生拌调料汁

材料
（2人份）

韩式辣椒酱调料汁（P.58）…2 小勺

用法

在食材上放香葱末、蛋黄后淋上韩式辣椒酱调料汁（详见右侧【美食小课堂】）。

美食小课堂

生拌金枪鱼

材料和制作方法（2人份）

向碗中放入150克金枪鱼鱼脊肉，放上1大勺葱末和1个蛋黄，然后淋上韩式生拌调料汁。充分搅拌后即可食用。

柠檬沙司

保质期
冷藏约 1 周
冷冻约 1 个月

具有柠檬新鲜酸味的清爽酱汁。味醂独特的甜香能够有效地中和蜂蜜的甜味，随便淋在下酒菜上都是点睛之笔。特别适合鸡肉类、白肉鱼等清淡食材。

材料

味醂	蜂蜜	柠檬汁	盐
100 毫升	2 大勺	4 大勺	2/3 小勺

制作方法

1 向小锅内放入味醂，中火加热，水沸后熄火。

2 放入蜂蜜、柠檬汁、盐搅拌均匀。

使用推荐

可作煎白肉鱼、鸡肉的酱汁。也可淋在炸鸡块上，或做西式油炸饼的腌渍料。

柠檬沙司的 2 种变化用法

变化 1 只需淋在煎至焦黄的嫩煎肉上，搭配西芹瞬间提升格调。

柠檬嫩煎肉沙司

材料（2人份）

柠檬沙司（P.60）…3 大勺
西芹碎…1 大勺

用法

将鱼肉煎至焦黄嫩滑后，淋上柠檬沙司并撒上西芹碎（详见【美食小课堂】）。

美食小课堂

柠檬嫩煎白肉鱼

材料和制作方法（2人份）

1 白肉鱼（鲈鱼、鲷鱼等的鱼块）2块，用少许盐、胡椒涂抹鱼肉后放入面粉（1大勺）中，使其充分被面粉包裹。
2 向平底锅内放入10克黄油、1小勺橄榄油，中火加热，待黄油化开后，放入备好的鱼肉（鱼皮朝下），煎至焦黄后翻面，煎熟。
3 加入整份柠檬沙司，使整块煎好的鱼肉能够沾裹上柠檬沙司，也可将其切成两半，加上小番茄点缀。

推荐搭配

除可搭配鲈鱼、鲷鱼、鳕鱼等白肉鱼外，也可搭配旗鱼、扇贝或鸡腿肉、鸡胸肉。像这样清淡口味的食材最合适不过了。

变化 2 松软酥脆的西式油炸饼配上清新爽口的柠檬沙司，是美味绝佳的拍档！

柠檬蘸酱

材料（2人份）

柠檬沙司（P.60）…1 大勺

用法

直接淋在西式油炸饼上（详见【美食小课堂】）。

美食小课堂

西葫芦三文鱼饼

材料和制作方法（2人份）

1 三文鱼切成适口大小，用少许盐、胡椒涂抹三文鱼使其充分入味。1/2根西葫芦切成1厘米厚的圆柱状。
2 向容器中放入1个蛋清，用搅拌器打至起泡后，加入3大勺面粉、1大勺淀粉、2大勺碳酸水（可用喝剩的啤酒代替）、1小勺色拉油，充分搅拌。
3 将切好的三文鱼浸在混合好的溶液中，锅内加油，待油温加热到170℃后，将其放入锅内炸至酥脆。炸好后，搭配一份柠檬蘸酱。

制作方法

1 向锅内放入黄油与橄榄油，中火加热。加入大蒜，炒至出味后放入虾壳，继续翻炒。

2 将虾壳（有虾头更好）炒至出味后放入切好的胡萝卜、洋葱及芹菜，转中大火继续翻炒。

美式沙司

保质期
冷藏约 1 周
冷冻约 1 个月

鲜美的大虾配上香浓沙司，给你带来一场舌尖上的盛宴。由于一次性准备需要的虾壳比较困难，你可在平时吃红虾或黑虎虾时，将虾壳与虾头留下，放入冰箱冷冻保存。

材料

虾壳	香料包 (A)	水 (A)	白兰地 (A)	白葡萄酒 (A)	番茄酱 (A)
约30只虾的量	1包	500毫升	50毫升	100毫升	150毫升

黄油	橄榄油	大蒜末	胡萝卜丁	洋葱末	芹菜末	盐	胡椒
10克	2大勺	2瓣量	1根量	1/2个量	1根量	1小勺	少许

3 倒入材料❹，盖上锅盖，转小火煮约30分钟。

4 将步骤3的材料放入网筛中，用擀面杖将虾壳与蔬菜捣烂，捣出汁水。

5 将步骤4中做好的酱倒入锅内，中火加热，煮约10分钟至汤汁减半，加入盐和胡椒调味即可。

使用推荐

可加入意大利面或汤中。在制作嫩煎鱼排沙司、奶汁烤菜或炖菜时，也可添加少许美式沙司。

美式沙司的 2 种变化用法

变化 1 用牛奶稀释沙司，可使汤汁如奶油般爽滑。牛奶与沙司的浓醇渗入大虾，美味满分。

海鲜浓汤汤料

材料（2人份）

美式沙司（P.62）…200 毫升
牛奶…200 毫升

用法

将材料充分混合，按照【美食小课堂】的步骤2稍煮片刻，放入食材，加入盐和胡椒调味即可。

美食小课堂

海鲜浓汤

材料与制作方法（2人份）

1 100克虾去壳，切开虾背，去掉虾线。
2 向锅内放入海鲜浓汤汤料，稍煮片刻后放入虾，小火煮约3分钟，加入少许盐和胡椒调味。根据个人喜好，可撒上西芹碎。

变化 2 美式沙司还可直接用作意大利面沙司。适合与意大利宽面搭配享用。

美式意大利宽面沙司

材料（2人份）

美式沙司（P.62）…200 毫升

用法

将食材稍加翻炒后加入美式沙司。稍煮片刻后加入煮好的意大利宽面，搅拌均匀（详见右侧【美食小课堂】）。

美食小课堂

美式意大利宽面

材料与制作方法（2人份）

1 将100克虾（去壳）切开虾背，去掉虾线。将1个杏鲍菇切片。
2 将160克意大利宽面放入加有适量盐的热水中，按规定时间煮熟。
3 将2小勺橄榄油倒入平底锅内，油热后，将步骤1的食材加入，炒至虾变色后，加入整份美式意大利宽面沙司，稍煮片刻。加入步骤2中沥干的意大利宽面，搅拌均匀。

专栏 1

基本高汤

做出美味靓汤与烩菜的关键在于高汤。若你花些时间好好做一碗高汤，烹饪时只需添加少许，便能使料理更加鲜美。

* 将高汤放入容器中，放入冰箱冷藏可保存约 3 天，冷冻可保存约 1 个月。倒入制冰盒中冷冻，每次可取出少许，用于制作酱菜和凉拌菜，十分方便。

海带鲣鱼高汤

用海带与木鱼花熬制而成的日式高汤。香味浓郁，味道鲜美。十分百搭，可用于制作各种料理。

材料

海带…20克（约20厘米）
木鱼花…20克（约2撮）
水…2升

制作方法

1 用湿毛巾擦拭海带表面，放入锅内。加入2升水，静置约1小时，至海带变软。

2 用中火加热步骤1的海带，煮至水沸前微微冒泡，取出海带。

3 熄火，放入木鱼花，煮至滚沸后熄火。

4 静置片刻，待木鱼花沉底后，用铺有滤纸的滤网过滤即可。

飞鱼高汤

香浓又美味，拉面好搭档。制作面汤时，可以增加飞鱼的用量，即可做出一碗味道浓郁的面汤。

材料

飞鱼干…10 条
海带…10 厘米
洋葱…1 个
大蒜…1 瓣
生姜…1 块
水…3 升

制作方法

1 飞鱼去除内脏，海带用湿毛巾擦拭表面，洋葱和大蒜去皮。
2 向锅内放入步骤1的材料、姜，加3升水，静置约1小时至海带变软。
3 将锅盖稍微移开，露出一点缝隙，大火加热。水沸后，转小火煮约1小时。熄火，用铺有厨房纸巾的滤网过滤即可。

小贴士

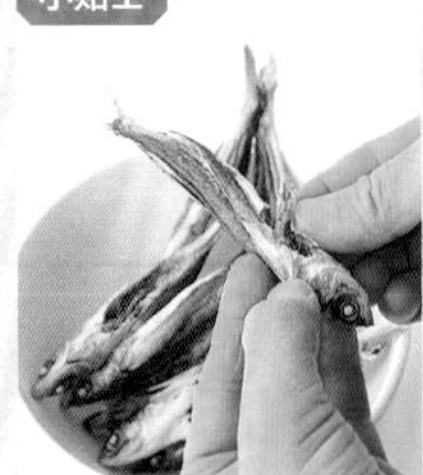

将鱼的内脏去除干净后，可让苦味和其他杂味跑光，熬出的汤汁清亮透明。

美食小百科

飞鱼干
飞鱼，在日本九州被称为“会飞的鱼”。因其脂肪含量低、无腥味，经常用于制作高汤，汤汁浓郁，不失档次。

豚骨高汤

用排骨轻松熬出鲜美高汤，给你带来满分味觉享受。可用于制作冲绳荞麦面、拉面，还可用于煲汤、炖菜等。

材料

排骨…500克
海带…15厘米
干香菇…2朵
木鱼花…少许
水…2升

制作方法

1 用湿毛巾擦拭海带。
2 向锅内放入步骤**1**的海带、干香菇，加2升水，静置约1小时至海带变软。
3 放入排骨，稍微移开点锅盖，大火加热。水沸后转小火煮约1小时。煮制过程中，撇去多余的浮沫。
4 熄火，放入木鱼花，待木鱼花沉底后，用铺有厨房纸巾的滤网过滤即可。

小贴士

高汤煮好后，再放入木鱼花，可使汤汁更加醇厚，味道甘甜，不失档次。

* 高汤煮好后，可将排骨捞出，蘸万能酱油（P.10）、油淋鸡调味汁（P.130）、韩式甜辣鸡块调味汁（P.138）、越南生春卷调味汁（P.143）等食用。

美食小课堂

叉烧面的基础制作方法

材料（2人份）

中式面条…2捆　叉烧（详见下述做法或使用成品）…4片　大葱…1/8根　干裙带菜…少许　飞鱼高汤(P.64)…800毫升　酱油…4大勺　盐…1/2小勺　猪油（如果有的话）…1大勺

1 大葱切末。裙带菜用水泡发，沥干。
2 向锅内倒入飞鱼高汤，稍煮片刻。
3 用充足的热水煮面，煮好后沥干。
4 将酱油、盐、猪油（如果有的话）分成2等份，分别放入碗中，将步骤**2**的材料分别倒入，轻轻搅拌均匀后放入步骤**1**和步骤**3**的材料，最后放上叉烧即可。

*在汤中加入少许叉烧汤汁会更加可口。

叉烧调味汁

材料

酱油…50毫升
味醂…50毫升
酒…50毫升
白砂糖…1大勺

制作方法

将材料充分混合。

美食小课堂

叉烧的基础制作方法

材料（8片的分量）

猪前腿肉…500克
酒…100毫升
大葱（葱绿）…1根
大蒜…1瓣
生姜…1块
叉烧调味汁…整份

1 猪肉卷好，用线捆紧。蒜捣碎。
2 将猪肉、葱、蒜、姜放入锅内，倒入酒，加水没过食材。稍微移开点锅盖，大火加热。水沸后转中火，撇去浮沫，煮约1小时（煮制过程中，可适当加水）。
3 加入叉烧调味汁，盖上锅盖，煮约30分钟至汤汁减半。熄火，静置冷却，使肉充分入味。

鸡高汤

口感醇厚，回味清甜。可用于制作汤品等所有中式料理。撇去浮沫后再用小火慢熬，一碗清亮透明的靓汤就做好了。

材料

鸡架…1 只鸡的分量
生姜…2 块
大蒜…2 瓣
大葱（葱绿）…1 根
水…2 升

制作方法

1 鸡架洗净，沥干。大蒜捣碎。

2 将步骤**1**的材料、生姜、大葱放入锅内，加2升水，稍微移开点锅盖，大火加热。

3 煮沸后撇去浮沫，小火煮约1小时。熄火，用铺有厨房纸巾的滤网过滤即可。

美食小百科

鸡架

剔除鸡肉的部分。由于带骨头，熬出的汤汁非常香浓。将鸡架洗净、去除血水后使用。

蔬菜高汤

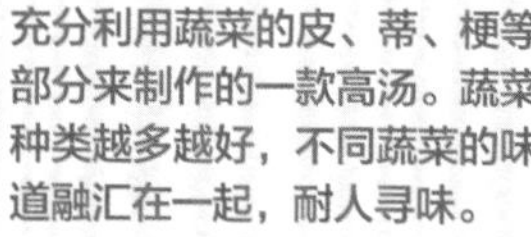

充分利用蔬菜的皮、蒂、梗等部分来制作的一款高汤。蔬菜种类越多越好，不同蔬菜的味道融汇在一起，耐人寻味。

材料

蔬菜碎…500 克
水…2 升

制作方法

1 将蔬菜碎放入锅内，加2升水，稍微移开锅盖，露出一点缝隙，大火加热。
2 煮沸后，转小火煮约1小时。熄火，用铺有厨房纸巾的滤网过滤即可。

小贴士

蔬菜碎可使用洋葱皮、胡萝卜皮或蒂、芹菜叶、西芹梗、圆白菜表面菜叶或芯、大葱葱绿等制作。

锅盖不要盖紧，最好稍微移开，露出一点缝隙，小火慢熬。这样能使熬出的汤汁清亮透明。

美食小课堂

越南鸡粉的制作方法

材料（2人份）

干米粉…200 克 鸡胸肉…100 克 豆芽…50 克 香菜…10克 鸡高汤…800毫升 鱼露…2 大勺 盐、胡椒…各少许

1 将鸡肉焯水（或蒸），稍煮片刻后撕开。香菜切碎。
2 将鸡高汤放入锅内，稍煮片刻，加入鱼露、盐和胡椒调味。
3 米粉按照包装说明的时间煮好，沥干。
4 将步骤**3**的米粉放入碗中，倒入步骤**2**的材料，放上步骤**1**的材料和豆芽，如果有酸橙的话，可切成月牙形放在上面。

第二部分 按菜品分类

人气料理的极品酱汁和酱料

本部分将按菜品分类，为大家介绍相应的酱汁、酱料及调味料等，调味一步到位。此外，本书会推荐各种与酱料相配的食材，以及酱料的使用方法，烹饪时只需添加少许事先做好的酱料即可，十分方便。这些酱料可用于制作各式料理，带给你多种多样的美味享受。

西式料理沙司

本部分将为大家介绍多种西式料理沙司，可以为菜品加分，让汉堡包肉饼、煎肉（鱼）排、煎蛋卷等变得更加好吃。

汉堡包肉饼酱

想让汉堡包的肉饼美味加倍，做好酱料才是关键！只需在酱料上做一些改变，就能做出各式各样的肉饼。

多明格拉斯酱

保质期
冷藏约 1 周

使用现成的沙司及番茄酱，轻松做出正宗好味道。

材料（易于制作的分量）

黄油…50 克
面粉…50 克
红葡萄酒…50 毫升
Ⓐ
- 伍斯特沙司…2 大勺
- 日式猪排酱…1 大勺
- 番茄酱…100 毫升
- 水…400 毫升
- 月桂叶…2 片

盐、胡椒…各少许

制作方法

1 将黄油、面粉放入平底锅内，中火加热，翻炒至焦黄。
2 加入少许红葡萄酒，搅拌均匀。
3 加入材料Ⓐ，继续熬煮至汤汁浓缩为约2/3量时，再加盐和胡椒调味即可。

推荐搭配 可与煎蛋卷、炸肉排搭配食用，也可用于制作炖牛舌及奶油口蘑里脊丝的汤料。

小贴士

待沙司炒至焦黄后再加入红葡萄酒。为防止酱料结块，请将红葡萄酒缓缓倒入。

美食小课堂

汉堡包肉饼的基础制作方法

材料（2人份）

什锦肉末…250 克　洋葱末…1/4 个量　鸡蛋…1 小个　色拉油…1 小勺　汉堡包肉饼酱…半份（多明格拉斯酱适量）Ⓐ＜盐…1/4 小勺　胡椒…少许＞　Ⓑ＜面包糠…4 大勺　牛奶…1 大勺＞

1 将肉末放入碗中，放入混合好的材料Ⓐ，搅拌均匀至黏稠后加入洋葱末与打好的蛋液，再加入材料Ⓑ，充分搅拌均匀。
2 将肉末分成2等份，挤出空气，捏成圆饼状，用勺子按压表面使其光滑平整，中间轻轻按下一处凹陷。
3 向平底锅内倒入色拉油，中火加热，将步骤2的肉饼凹陷处朝上放置。将两面煎至金黄后盖上锅盖，调至小火焖约7分钟。
4 将肉饼装盘，根据个人喜好，可搭配嫩煎蔬菜或香煎土豆，浇上汉堡包肉饼酱。

其他汉堡包肉饼酱

番茄酱调味汁➡P.70
蘑菇酱➡P.77
培根奶油酱➡P.77

戈贡佐拉酱

保质期
冷藏约 5 天

蓝纹奶酪的美味与香醇是其独特的魅力。使用鲜奶油做出醇香奶味。

材料（4人份）

戈贡佐拉奶酪…50 克
鲜奶油…120 毫升
黄油…10 克

制作方法

将鲜奶油和黄油放入锅内，中小火加热，油热后加入奶酪碎，搅拌均匀。

推荐搭配 可与煎鸡肉、煎蛋卷、炸三文鱼和炸土豆搭配食用，也可以用来拌意大利面或意式土豆团子。

日式洋葱酱

保质期
冷藏约 1 周

洋葱经过翻炒后原有的辣味不见了，这款酱的关键是引出洋葱的甜味。

材料（4人份）

洋葱…1/4 个
大蒜…1 瓣
色拉油…2 小勺
酒…2 大勺
味醂…2 大勺
酱油…3 大勺

制作方法

1 向平底锅内倒入色拉油，中火加热，放入捣碎的洋葱和蒜泥，炒出香味。
2 加入酒及味醂，煮沸后倒入酱油，熄火。

推荐搭配 可与铁板烤肉、铁板豆腐、烤牛肉、嫩煎鱼排及日式香煎豆腐肉饼搭配食用。

嫩煎猪排沙司

沙司中番茄与水果的酸甜更加衬托出猪肉的鲜美。

番茄酱调味汁

保质期 冷藏约 1 周

制作简单，十分百搭。
酒煮过后，可使酒精挥发。

材料（4人份）
番茄酱…3 大勺
伍斯特沙司…2 大勺
酒…2 大勺

制作方法
小锅内倒入酒，煮至沸腾后熄火，加入番茄酱、伍斯特沙司，搅拌均匀。

推荐搭配 可与汉堡包肉饼、肉馅糕等用肉馅制作的料理搭配食用。还用作炸虾、炸牡蛎等的蘸料。

姜味苹果沙司

保质期 冷藏约 1 周

苹果的甘甜与生姜特有的味道相互交织，加上香醋的香浓，形成了独特的酱香。

材料（4人份）
苹果泥…1/2 个量
生姜泥…1/2 块量
黄油…10 克
酱油…4 大勺
香醋…4 大勺

制作方法
将黄油放入平底锅内，煮化后，放入苹果泥和姜泥，炒约1分钟，加入酱油、香醋，熄火。

推荐搭配 可与嫩煎鸡排、烤鸡、嫩煎鱼排等口味清淡的食材搭配食用。

橘子酱

保质期 冷藏约 1 周

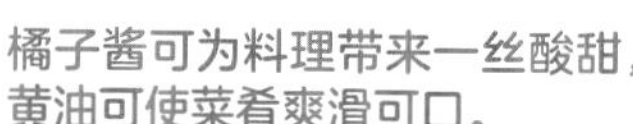

橘子酱可为料理带来一丝酸甜，黄油可使菜肴爽滑可口。

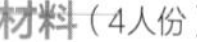

材料（4人份）
橘子酱…120 克
黄油…10 克
大蒜…1 瓣
白葡萄酒…3 大勺
酱油…1 小勺
盐、胡椒…各少许

制作方法
1 将黄油、大蒜放入平底锅内，小火加热，煮出香味后，加入白葡萄酒，转中火。
2 煮沸后，加入橘子酱、酱油，煮至汤汁黏稠后，加入盐、胡椒调味。

推荐搭配 除猪肉外还可与嫩煎鸡排、嫩煎鱼排搭配食用。

美食小课堂

嫩煎猪排的基础制作方法

材料（2人份）
里脊肉厚片…2 片　盐、胡椒…各少许　色拉油…2 小勺　嫩煎猪排沙司…半份

1 猪肉去筋，撒上盐和胡椒。
2 向平底锅内倒入色拉油，中火加热，放入步骤**1**的猪肉，煎至焦黄。翻面，煎至熟透。
3 盛盘，浇上嫩煎猪排沙司，根据个人喜好，可搭配焯熟的西蓝花和小番茄。

其他嫩煎猪排沙司
日式洋葱酱➡P.69　红葡萄酒沙司➡P.72
嫩煎鸡排沙司（共3种）➡P.71　日式蘑菇沙司➡P.87

嫩煎鸡排沙司

口味清淡的嫩煎鸡排配上香浓沙司。
加上美味的白酱，味道更加醇厚。

奶油奶酪沙司

保质期
冷藏约 5 天

鲜奶油使味道更加香浓，是肉品好搭档。

材料（4人份）
比萨用奶酪…60 克
白葡萄酒…2 大勺
大蒜泥…1/2 瓣量
鲜奶油…2 大勺
盐、胡椒…各少许

制作方法
1 将白葡萄酒倒入小锅内，放入大蒜，煮沸后加入奶酪，均匀搅拌，使奶酪化开。
2 加入鲜奶油，充分搅拌，加入盐、胡椒调味。

除嫩煎鱼排外，还可用于拌意大利面或面疙瘩，同时，还可与煎蛋卷、火腿蛋松饼搭配食用。

蓝莓酱

具有蓝莓的淡淡酸味和浓浓蒜香。

保质期
冷藏约 1 周

材料（4人份）
蓝莓…80 克
大蒜泥…1/2 瓣量
白葡萄酒…100 毫升
蜂蜜…1 大勺
酱油…2 大勺
盐…1/4 小勺
胡椒…少许
＊蓝莓可以是冷冻的。

制作方法
1 将蓝莓、大蒜放入小锅内，倒入白葡萄酒，小火加热，边煮边搅拌。
2 待汤汁黏稠后，加入蜂蜜、酱油，充分搅拌，加入盐、胡椒调味。

可与嫩煎猪排及烤猪肉等猪肉料理搭配食用。

芥末酱

保质期
冷藏约 5 天

为防止盖过红酒及其他食材的味道，起锅前再加入芥末酱是关键。

材料（4人份）
芥末粒…2 大勺
白葡萄酒…2 大勺
柠檬汁…1/2 小勺
鲜奶油…3 大勺
盐…1 小勺
胡椒…少许

制作方法
将白葡萄酒倒入小锅内，煮沸后熄火，加入其他材料，充分搅拌。

除鸡肉外，还可与嫩煎猪排、嫩煎牛排、嫩煎鱼排等搭配食用。

美食小课堂

嫩煎鸡排的基础制作方法

材料（2人份）
去骨鸡腿肉…1 只
盐、胡椒…各少许
橄榄油（或色拉油）…2 小勺
嫩煎鸡排沙司…半份

1 将鸡肉切成两半，用叉子在鸡皮上扎几下。撒上盐、胡椒。
2 向平底锅内倒入橄榄油，中火加热，将步骤**1**的鸡肉皮朝下放置。煎至金黄色，翻面，煎至鸡肉熟透。
3 盛盘，根据个人喜好，可搭配生菜，再浇上嫩煎鸡排沙司即可。

其他嫩煎鸡排沙司

戈贡佐拉酱➡P.69
嫩煎猪排沙司（共3种）➡P.70
洋葱酱➡P.73
芥末丁香沙司➡P.73
凯撒沙拉调味汁➡P.82
蘑菇泥酱➡P.98

牛排沙司

加入沙司，使味道更加香浓，将牛肉的鲜美最大程度地散发出来。

红葡萄酒沙司

保质期
冷藏约 1 周

牛肉和红酒是好搭档。煮至收汁后，一款浓郁的酱汁就完成了。

材料（4人份）
红葡萄酒…200 毫升
大蒜泥…1 瓣量
蜂蜜…1 大勺
酱油…3 大勺
盐、胡椒…各少许

制作方法
将红酒倒入小锅内，放入蒜泥，小火加热，煮至汤汁减半。加入蜂蜜、酱油、盐和胡椒，搅拌均匀。

因其与牛肉十分相配，可与烤牛肉等搭配食用。同时，还可搭配嫩煎猪排等。

小贴士

煮至汤汁减半后，再加入其他材料，充分搅拌。

洋葱酱

保质期
冷藏约1周

用香醇的白葡萄酒制作而成的和风料理。
加入洋葱、大蒜，具有浓浓的香味。

材料（4人份）

洋葱泥…1/2个量
大蒜泥…1瓣量
黄油…10克
白葡萄酒…100毫升
蜂蜜…1大勺
酱油…1小勺
盐…1小勺
胡椒…少许

制作方法

1 向平底锅内放入黄油，煮至化开后，放入洋葱、大蒜，炒出香味。
2 倒入白葡萄酒，煮沸后，加入蜂蜜、酱油，搅拌均匀，加入盐、胡椒调味。

推荐搭配 除牛肉、鸡肉、猪肉外，还可与青鱼、白身鱼等各种嫩煎肉搭配食用。

小贴士

待洋葱、大蒜炒出香味后，再倒入白葡萄酒，煮沸。

芥末丁香沙司

保质期
冷藏约1周

芥末的淡淡辣味与丁香的丝丝香甜相互交融，散发着成熟的味道。

材料（4人份）

芥末酱…2大勺
丁香粉…1/2小勺
酒…2大勺

*芥末酱使用的是第戎芥末酱。

制作方法

小锅内倒入酒，煮沸后熄火，加入芥末酱、丁香粉，搅拌均匀。

推荐搭配 可与嫩煎鸡排、嫩煎旗鱼及嫩煎三文鱼搭配食用。同时，还可与嫩煎土豆相搭配。

美食小百科

丁香粉

其拥有独特的甜味与淡雅的香味，有去除肉腥味的效果，还可用于制作烤苹果、水果馅饼等水果料理。

美食小课堂

牛排的基本制作方法

材料（2人份）

牛肉厚片（牛排或其他部位）…2片
盐、胡椒…各少许　牛板油…1片（或色拉油2小勺）　牛排沙司…半份

1 将冷藏的牛肉从冰箱内取出，常温下放置。
2 在步骤1的牛肉上撒上盐、胡椒。
3 将牛板油平铺于平底锅内，中火加热，放入步骤2的牛肉，根据个人喜好调整煎制时间。盛盘，根据个人喜好，可搭配煎好的洋葱、煮胡萝卜、煮扁豆，浇上牛排沙司即可。

*煎制时间可根据肉的厚度、部位及火候上下调整，牛腰肉的最佳煎制时间为：大火每面煎60~90秒。

其他牛排沙司

日式洋葱酱➡P.69
芥末酱➡P.71
莎莎酱➡P.79
芥末牛油果沙司➡P.79

嫩煎海鲜沙司

沙司中带着柑橘的清新与香草的淡淡香气，
不仅能提味增香，还能达到去除鱼腥味的效果。

香橙酱

保质期
冷藏约 5 天

橙子的香甜与鱼肉完美搭配。白兰地提味增香。

材料（4人份）
橙子…1 大个（120 克）
洋葱泥…1/4 个量
大蒜泥…1 瓣量
黄油…10 克
白兰地…2 大勺
百里香…1 根
酱油…1 小勺
盐…1 小勺
胡椒…少许

制作方法
1 橙子去皮，用刀取出果肉，榨汁备用。
2 向平底锅内倒入黄油、放入洋葱、大蒜，小火加热，煮至出味后，倒入白兰地，中火加热，使酒精挥发。
3 加入步骤1的橙子和橙汁、放入百里香，焖约3分钟，加入酱油、盐、胡椒调味。

相配海鲜推荐白身鱼和扇贝。同时，还可与嫩煎鸡排和嫩煎猪排搭配食用。

小贴士

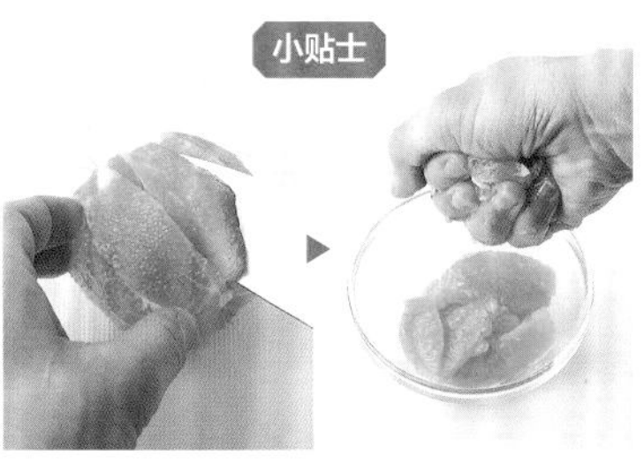

用刀削去橙子皮后，将尖刀插入内果皮与果肉间，取出果肉。剩余的内果皮与果肉一起榨汁。

美食小课堂

嫩煎海鲜的基础制作方法

材料（2人份）
喜欢的鱼肉…2 块（或扇贝柱 6 个） 盐、胡椒…各少许 面粉…2 小勺 橄榄油…2 小勺 嫩煎海鲜沙司…半份

1 鱼（或扇贝柱）撒上盐、胡椒，薄薄地涂一层面粉。
2 向平底锅内倒入橄榄油，中火加热，将步骤1的材料皮朝下放置，煎至焦黄。翻面，煎至肉熟透。
3 盛盘，根据个人喜好，可搭配嫩煎荷兰豆等，浇上嫩煎海鲜沙司即可。

其他嫩煎海鲜沙司 柠檬嫩煎肉沙司➡P.61 日式洋葱酱➡P.69 橘子酱➡P.70

薄荷沙司

保质期
冷藏约 1 周

与口味清淡的海鲜构成完美搭配，是一款清爽的沙司，给你带来夏日的清凉。还能为菜肴增色！

材料（4人份）

薄荷…30 克
大蒜…1 瓣
核桃…30 克
橄榄油…4 大勺
柠檬汁…1 小勺
盐…1 小勺
胡椒…少许

制作方法

1 薄荷择叶，核桃炒香。
2 将所有的材料放入多功能食物料理机中，搅拌至表面光滑。

使用多功能食物料理机可让沙司更加细腻柔滑，若家中没有多功能食物料理机，也可以用搅拌机或果汁机代替。

推荐与嫩煎鱼排或嫩煎扇贝等嫩煎海鲜相搭配。同时，还可与嫩煎鸡排和嫩煎猪排搭配食用。

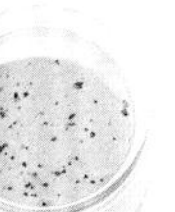

牛奶咖喱酱

保质期
冷藏约 1 周

咖喱粉带给你不一样的味蕾体验。一款与青鱼完美搭配的沙司。

材料（4人份）

咖喱粉…1 大勺
黄油…20 克
酒…2 大勺
混合干香草…1 小勺
牛奶…150 毫升
面粉…1 小勺
盐…1 小勺
胡椒…少许

制作方法

1 将咖喱粉、黄油、酒、混合干香草、牛奶放入小锅内，中火加热，煮沸后转小火，煮至汤汁浓缩为约2/3量。
2 将面粉用滤网过筛放入锅内，用木铲均匀搅拌成糊状，加入盐、胡椒调味。

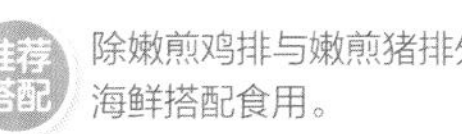
推荐搭配
除嫩煎鸡排与嫩煎猪排外，还可与海鲜搭配食用。

美食小百科

混合干香草

含罗勒、牛至、西芹、香草等十分相配的香料。可以用于制作意大利面、比萨、煎肉等各种料理，非常方便。

奶油奶酪沙司➡P.71　红辣椒酱➡P.76　橄榄酱➡P.96　蘑菇泥酱➡P.98

煎蛋卷沙司

口感爽滑的家常煎蛋卷与美味十足的沙司完美搭配。
满满酱汁，敬请享用。

红辣椒酱

保质期
冷藏约 5 天

一款与番茄沙司完全不一样的沙司，新鲜红辣椒的风味融入其中，香醇浓郁。

材料（4人份）

红辣椒…2 个
酸奶…1 大勺
橄榄油…1 大勺
盐…1/2 小勺
胡椒…少许

制作方法

1 用烤架烘烤红辣椒，烤至表皮变焦，预先加工后剥去焦皮，去蒂和种子。
2 将所有材料放入多功能食物料理机，搅拌至表面光滑。

小贴士

将红辣椒表皮用烤鱼网等烤焦后，更易于剥落。可整个烤制，也可切成两半烤制。

可与嫩煎鸡排、嫩煎猪排、嫩煎鱼排、嫩煎扇贝、嫩煎虾仁等搭配食用，撒上稍烤过的马苏里拉奶酪和卡门贝尔奶酪也十分美味。

蘑菇酱

保质期
冷藏约 5 天

满满的蘑菇食材，非常鲜美。
番茄的酸甜与煎蛋卷的浓郁完美融合。

材料（4人份）

口蘑…1/2 袋
杏鲍菇…1 根
番茄…1 个
黄油…20 克
中浓沙司…1 大勺
盐、胡椒…各少许

制作方法

1 将口蘑、杏鲍菇切碎，番茄切成1厘米的块。

2 将黄油放入平底锅内，煮化后放入口蘑、杏鲍菇，中火翻炒，炒至变软后加入番茄，继续炒约3分钟。

3 加入中浓沙司，搅拌均匀，加入盐、胡椒调味。

小贴士

加入两种蘑菇，美味大大升级。将食材炒至变软，待食材水分蒸发、充分入味后，再加入新鲜番茄。

推荐搭配 除汉堡包肉饼、嫩煎猪排外，还可与嫩煎鸡排及炸三文鱼等日式炸物搭配食用。

培根奶油酱

保质期
冷藏约 5 天

一款食材丰富、味道浓郁的奶油沙司。
若想品尝味道香浓的煎蛋卷，一定要试试看。

材料（4人份）

培根…1 片
洋葱…1/8 个
蘑菇…2 个
黄油…20 克
面粉…1 小勺
鲜奶油…100 毫升
盐…1 小勺
胡椒…少许

1 培根、洋葱、蘑菇切末。

2 向平底锅内放入黄油和步骤**1**的食材，中火加热，炒至变软。

3 加入面粉，均匀翻炒，缓缓倒入鲜奶油，搅拌均匀。加入盐、胡椒调味。

小贴士

将面粉翻炒均匀后，再加入鲜奶油。为防止结块，请将鲜奶油缓慢倒入。

推荐搭配 可与嫩煎肉（鱼）排或汉堡包肉饼等搭配食用，还可用于拌意大利面，或涂于面包上烤制。

美食小课堂

煎蛋卷的基础制作方法

材料（2人份）

鸡蛋…4 个　盐…1/3 小勺　胡椒…少许　牛奶…50 毫升　黄油…10 克　煎蛋卷沙司…半份

1 鸡蛋打散，加入盐、胡椒、牛奶，搅拌均匀。

2 向平底锅内放入黄油，倒入步骤**1**的材料，充分搅拌，煮至半熟，拨至锅的一边。凝固后翻面，煎至酥脆。

3 盛盘，浇上煎蛋卷沙司。

其他煎蛋卷沙司

番茄沙司➡P.22
多明格拉斯酱➡P.69
奶油奶酪沙司➡P.71
番茄泥➡P.90

炸大虾沙司

口味较为清淡的炸虾与口感丰富、味道浓郁的沙司十分相配。
同时，还可与多种口感绝佳的食材制成的沙司搭配。

塔塔酱

保质期
冷藏约 5 天

与炸海鲜十分相配。
酸黄瓜的酸咸与爽脆的口感是其一大特色。

可与炸牡蛎、三文鱼、扇贝及炸土豆、炸鸡排等搭配食用，同时还可与嫩煎鸡排或嫩煎三文鱼相配。

材料（4人份）

煮鸡蛋…1 个
蛋黄酱…5 大勺
酸黄瓜…30 克
柠檬汁…1 小勺
洋葱…1/8 个
盐、胡椒…各少许
芹菜…4 把

制作方法

1 将煮鸡蛋、酸黄瓜、洋葱、芹菜切成末。漂洗洋葱，挤干水分。

2 将步骤**1**的材料、蛋黄酱、柠檬汁、盐、胡椒放入碗中，搅拌均匀。

保质期
冷藏约 5 天

莎莎酱

蔬菜丁的清爽配上浓浓辣味。油腻的油炸食品也变得清爽起来。

材料（4人份）
番茄…1 小个
黄瓜…1/4 根
洋葱…1/8 个
大蒜…1 瓣
橄榄油…2 大勺
柠檬汁…2 小勺
塔巴斯哥辣酱…倒 5 次
盐…1/2 小勺
胡椒…少量

制作方法

1 番茄、黄瓜、洋葱切碎丁。漂洗洋葱，挤干水分。大蒜磨泥。
2 碗里放入步骤1的材料，加入橄榄油、柠檬汁、塔巴斯哥辣酱、盐、胡椒，搅拌均匀。

推荐搭配 推荐与炸牡蛎等油炸食品搭配食用。另外，在吃牛排、嫩煎青鱼时，若觉得油腻，也可搭配莎莎酱食用。

保质期
冷藏约 5 天

芥末牛油果沙司

牛油果的爽滑使沙司更加香浓。芥末可锁住食物的鲜味。

材料（4人份）
牛油果…1 个
柠檬汁…1 小勺
芥末酱…1/2~1 小勺
牛奶…2 大勺
酱油…1/2 小勺
盐…1 小勺
胡椒…少许

制作方法

1 牛油果去核和皮，放入碗中，撒上柠檬汁，用叉子或其他工具捣碎。
2 加入芥末酱、少许牛奶，搅拌均匀，加入酱油、盐、胡椒调味。

推荐搭配 适合所有油炸食品。与牛排、嫩煎鸡排等搭配也十分美味。

小贴士

加入牛奶稀释，即可做出奶油般的沙司。一边缓缓倒入牛奶，一边搅拌，可使牛奶与酱充分混合。

美食小课堂

炸大虾基础制作方法

材料（2人份）
虾…6 只　盐、胡椒…各少许　面粉…1 大勺　Ⓐ＜鸡蛋…1/2 个　水…2 大勺＞　面包糠…150 毫升　炸制用油…适量　炸大虾沙司…半份

1 大虾去壳去虾线，挤出尾部的水分。用刀在虾的腹部浅浅划上几刀，笔直放置。
2 在步骤1的虾上撒盐、胡椒，然后依次裹上面粉、搅拌好的材料Ⓐ、面包糠，在170℃的油温下炸约4分钟。
3 盛盘，浇上炸大虾沙司，根据个人喜好，可添加蔬菜嫩叶、小番茄。

其他炸大虾沙司　番茄酱调味汁➡P.70　蘑菇酱➡P.77　芝麻佐餐汁➡P.80

炸猪排沙司

想大口大口地吃肉时，就加芝麻佐餐汁和味噌酱。如果想吃得清爽一点，就加橙醋调料汁。

芝麻佐餐汁

保质期
冷藏约1周

芝麻的香味与番茄酱、伍斯特沙司完美融合。

材料（4人份）

白芝麻…2大勺
酒…1大勺
番茄酱…2小勺
伍斯特沙司…3大勺
酱油…1小勺
白砂糖…1小勺

制作方法

小锅内倒入酒，煮沸后熄火，加入剩余的材料，搅拌均匀。

除炸猪排外，还可与炸牡蛎、炸三文鱼、炸鱿鱼、炸青花鱼等其他油炸食品搭配食用。

美食小百科

什么是蒸馏法?

将酒、味醂等加热后，使酒精挥发的方法成为“蒸馏法”。这样做可以去除酒精味，保留鲜味和风味。

保质期
冷藏约 1 周

八丁味噌酱

名古屋的特产。以八丁味噌为基础制作而成，具有淡淡清甜，吃过一次就忘不掉。

材料（4人份）

八丁味噌…3 大勺
酒…1 大勺
味醂…3 小勺
白砂糖…1 大勺
伍斯特沙司…1 小勺
醋…1 小勺
白芝麻…2 大勺

制作方法

小锅内倒入酒、味醂，加热，煮沸后加入剩余的材料，搅拌均匀。

推荐搭配

像田乐味噌那样，将酱汁浇在煮好的萝卜、魔芋或烤豆腐上也十分美味。

美食小百科

八丁味噌

以大豆为主原料的一种豆酱。因其发酵时间长，酱汁味道浓郁，且呈暗红褐色。适合作为海鲜类料理的味噌汁。

佐味橙醋调料汁

葱香与姜味混合，风味绝佳。在清爽的酱汁中添加少许豆瓣酱，更加美味。

材料（4人份）

大葱末…5 厘米量
生姜末…1 片量
橙醋酱油…4 大勺
芝麻油…1/2 小勺
豆瓣酱…1/2 小勺

制作方法

将所有材料放入碗中，充分搅拌。

推荐搭配

可与烤鱼、水蒸鸡、烤鸡、牛排等搭配食用。同时，还可与炸厚豆腐及汤豆腐相配。

美食小百科

橙醋酱油

在柚子汁及酸橙汁等果汁中，加入高汤和酱油制作而成的酱汁。由于酱汁带着酸味、味道清爽，可用于制作火锅和拌菜等多种料理。

其他炸猪排沙司

多明格拉斯酱➡P.69
番茄酱调味汁➡P.70
蘑菇酱➡P.77
芥末牛油果沙司➡P.79

美食小课堂

炸猪排基础制作方法

材料(2人份)

里脊肉厚片…2 片　盐、胡椒…各少许　面粉…2 大勺　❹<鸡蛋…1/2 个　水…2 大勺>　面包糠、油…适量　炸猪排沙司…半份

1 猪肉去筋，用擀面杖或其他工具拍打。撒上盐、胡椒，切成规整形状。
2 将步骤**1**的材料依次裹上面粉、搅拌好的材料❹、面包糠，静置片刻（与裹上面包糠直接下油锅相比，静置片刻后再油炸面包糠更不易脱落）。
3 放入170℃的油中，中火炸约2分钟后翻面，继续炸约3分钟，捞起沥去油分。切成适口大小，盛盘。根据个人喜好，可搭配圆白菜丝，再浇上炸猪排沙司即可。

绝品调味汁

只需改变调味汁，普普通通的沙拉也能变得不一样。还可根据个人喜好调味！

* 用搅拌机代替搅拌器，无需切碎食材即可轻松将食材搅拌成表面光滑的糊状。

法式调味汁

想简简单单地品尝一下沙拉时，请试试这款基础配方。

保质期
冷藏
约2周

材料（易于制作的分量）

苹果醋…50毫升
盐…1/2小勺
胡椒…少许
白糖…1小勺
芥末…1/2小勺
色拉油…100毫升

* 芥末使用的是第戎芥末酱

推荐搭配

可搭配所有可用于制作沙拉的蔬菜，还可加入到土豆沙拉中调味。此外，还可添加到意大利冷面和生牛肉中。

制作方法

1 向碗中放入苹果醋、盐、胡椒、砂糖、芥末，用搅拌器拌匀。

2 一边缓缓倒入色拉油，一边充分搅拌至乳化（呈乳白色糊状）。

凯撒沙拉调味汁

保质期
冷藏
约1周

香醇的芝士与蛋黄酱中融入鳀鱼的鲜美，味道丰富而饱满。

材料（易于制作的分量）

大葱末…1瓣量
鳀鱼末…3条量
蛋黄酱…100克
芝士粉…6大匙
伍斯特沙司…2小勺
柠檬汁…1大匙
牛奶…2大匙
盐、胡椒…各少许

制作方法

将所有材料放入碗中，用搅拌器充分搅拌。

推荐搭配

可搭配放有荷包蛋和炸面包丁的大份沙拉，还可添加于嫩煎鸡排沙司中。

芝麻调味汁

芝麻香浓满分。只需添加少许，即可摇身一变为口感十足的沙拉。

保质期 冷藏 约1周

材料（易于制作的分量）

白芝麻酱…3大勺
白芝麻…2大勺
酱油…3大勺
醋…1大勺
白糖…2大勺
牛奶…2大勺
蛋黄酱…60克

制作方法

将所有材料放入碗中，用搅拌器充分搅拌。

推荐搭配

豆腐沙拉。添加于冷锅或凉拌乌冬面中也十分美味。

千岛酱

以番茄酱与蛋黄酱为基础制作而成的调味汁十分百搭，孩子也爱吃。

保质期 冷藏 约2周

材料（易于制作的分量）

番茄酱…4大勺
醋…4小勺
白糖…2小勺
盐…1/4小勺
胡椒…少许
蛋黄酱…100克

制作方法

将所有材料放入碗中，用搅拌器充分搅拌。

推荐搭配

可搭配任何蔬菜。推荐搭配用牛油果或虾仁制作的沙拉。

芥末调味汁

芥末粒的辣度与酸味恰到好处，使酱汁风味十足。

保质期 冷藏 约2周

材料（易于制作的分量）

芥末粒…1.5大勺
寿司醋…5大勺
盐…1/4小勺
胡椒…少许
橄榄油…5大勺

制作方法

1 将芥末粒、寿司醋、盐、胡椒放入碗中，用搅拌器充分搅拌。
2 缓缓倒入橄榄油，充分搅拌成糊状。

推荐搭配

可搭配西红柿或洋葱干沙拉。由于添加了寿司醋，因此还可用于拌饭。

洋葱调味汁

洋葱的浓郁与风味十分柔和。推荐使用辣味较弱的嫩洋葱或沙拉专用洋葱。

保质期 冷藏 约1周

材料（易于制作的分量）

洋葱泥…1/4个量
胡萝卜泥…20克
大蒜泥…1/2瓣量
醋…2大勺
酱油…2大勺
白芝麻酱…2小勺
白糖…2小勺
盐…1小勺
胡椒…少许
色拉油…2大勺

制作方法

将除油以外的材料放入碗中，用搅拌器充分搅拌。一边缓缓倒入色拉油，一边充分搅拌成糊状。

推荐搭配

可搭配用豆腐或羊栖菜等海藻制作的日式沙拉，也可搭配鲣鱼。

蛋黄酱

自己亲手制作的蛋黄酱才更鲜美。边缓缓倒油边搅拌是关键。

保质期 冷藏 约3天

材料（易于制作的分量）

蛋黄…2个
（或鸡蛋1个）
醋…2大勺
盐…1小勺
蜂蜜…1小勺
色拉油…150毫升

制作方法

将蛋黄、醋、盐及蜂蜜放入碗中，用搅拌器充分搅拌。一边缓缓倒入色拉油，一边搅拌至呈表面光滑的糊状。

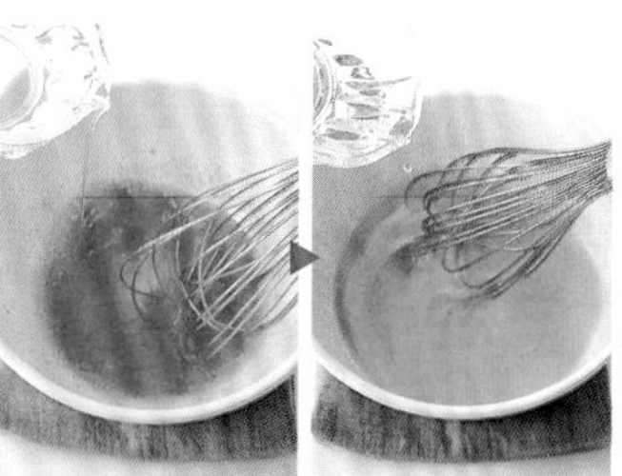

推荐搭配

可搭配任何蔬菜。由于是手工制作，添加到清蒸蔬菜、清蒸肉或清蒸海鲜中也十分美味。

胡萝卜调味汁

为酱汁增添色彩，腌制一晚即可入味。

材料（易于制作的分量）

胡萝卜泥…1根量
洋葱泥…1/4个量
白砂糖…2大勺
白葡萄酒醋…4大勺
生抽…3大勺
橄榄油…4大勺

制作方法

将除橄榄油外的所有食材放入碗中，用搅拌器搅拌。一边缓缓倒入橄榄油，一边充分搅拌至酱汁成糊状。

推荐搭配

除用于制作蔬菜沙拉外，还十分适合制作添加了水蒸鸡肉、水煮蛋、金枪鱼等高蛋白食物的沙拉。

番茄罗勒调味汁

浓浓意式番茄风味。罗勒的清新香气在口中蔓延。

材料（易于制作的分量）

罗勒末…10片量
番茄泥…1个量
大蒜泥…1瓣量
柠檬汁…1.5大勺
盐…1/2小勺
胡椒…少许
橄榄油…4大勺

制作方法

将所有材料放入碗中，用搅拌器充分搅拌。

推荐搭配

可搭配海鲜鸡肉混合沙拉。此外，还可作意大利冷面沙司用。

味噌调味汁

酱汁带着淡淡甜味，与口味清淡的食材十分相配。芝麻与芝麻油完美融合。

材料（易于制作的分量）

味噌…3大勺
酒…2大勺
味醂…2大勺
白砂糖…1大勺
白芝麻…1大勺
醋…2大勺
酱油…2小勺
芝麻油…2大勺

制作方法

1 将酒、味醂倒入小锅内，煮沸后熄火。
2 加入白砂糖、味噌，均匀搅拌，放入白芝麻、醋、酱油、芝麻油，继续搅拌均匀。

推荐搭配

可添加于用豆腐、海藻制作的和风沙拉中，也可添加于牛蒡、莲藕等根菜类蔬菜沙拉中。

梅子调味汁

不仅仅是梅子醋，加入梅干后，梅子味十足。酸味恰到好处。

材料（易于制作的分量）

梅干…1个
味醂…3大勺
蜂蜜…1大勺
梅子醋（参见P.107）…4大勺
色拉油…3大勺

制作方法

1 梅干去核，用菜刀拍几下。
2 向小锅内倒入味醂，煮沸后熄火。
3 将步骤1的梅干放入碗中，加入蜂蜜，用搅拌器搅拌，再将步骤2的味醂、梅子醋、色拉油依次缓缓倒入，一边倒一边搅拌均匀。

推荐搭配

除豆腐和海藻外，添加于洋葱沙拉或黄瓜沙拉中也十分美味。

保质期
冷藏
约2周

地域风味调味汁

以鱼露为主要原料，具有强烈的辣味。只需将酱汁浇于食材上，即可呈上一道亚洲风味料理。

材料（易于制作的分量）

鱼露…2 大勺
柠檬汁…2 大勺
白砂糖…1 大勺
红辣椒段…1 小勺
水…1 大勺
芝麻油（或色拉油）…3 大勺

制作方法

将所有材料放入碗中，用搅拌器充分搅拌。

> **推荐搭配**
> 可添加于用各种海鲜或水蒸鸡肉制作的混合沙拉或粉丝沙拉中。还可浇在烤茄子上。

莎莎风味调味汁

辣味强烈的塔巴斯哥辣椒酱增添了几分辣意，满满墨西哥风味。

材料（易于制作的分量）

番茄汁…6 大勺
番茄酱…2 大勺
柠檬汁…1 大勺
盐…1/2 小勺
胡椒…少许
塔巴斯哥辣椒酱…少许
橄榄油…2 大勺

制作方法

将所有材料放入碗中，用搅拌器充分搅拌。

> **推荐搭配**
> 可添加于鹰嘴豆、四季豆等豆类沙拉、水煮南瓜块及水蒸鸡肉混合沙拉中。

保质期
冷藏
约5天

酸奶调味汁

与酸奶完美融合。添加少许小茴香后，回味清爽宜人。

材料（易于制作的分量）

原味酸奶…6 大勺
大蒜泥…1/2 瓣量
小茴香粉…1/2 小勺
橄榄油…2 大勺
盐…1 小勺
胡椒…少许

制作方法

将大蒜、酸奶、小茴香放入碗中，用搅拌器搅拌均匀。一边缓缓倒入橄榄油，一边均匀搅拌。最后加入盐和胡椒调味。

> **推荐搭配**
> 可添加于水蒸鸡肉混合沙拉中，也十分适合制作添加了香蕉的什锦沙拉。

韩式沙拉调味汁

烤肉店人气辛辣风味调味汁，具有浓浓大蒜味与芝麻香。

材料（易于制作的分量）

大蒜泥…1 瓣量
醋…2 人勺
酱油…2 大勺
白砂糖…1 小勺
盐…少许
辣椒粉…1/2 小勺
白芝麻…1 大勺
芝麻油…4 大勺

制作方法

将所有材料放入碗中，用搅拌器充分搅拌。

> **推荐搭配**
> 可添加于带叶蔬菜沙拉或海藻混合沙拉中，或用于制作生拌金枪鱼。

意大利面沙司

将意大利面煮好后，只需添加预先做好的沙司，搅拌均匀即可享用。还可与嫩煎肉排沙司、调味汁等搭配，调味随心所欲。

肉酱

保质期
冷藏约 5 天

慢慢炒制香味浓郁的蔬菜，制作美味满分的底料才能做出醇厚的酱汁。

材料（4人份）

什锦肉末…300 克
洋葱末…1/2 个量
西芹末…1/2 根量
胡萝卜末…1/4 根量
大蒜末…1 瓣量
橄榄油…1 大勺
红葡萄酒…100 毫升
水煮番茄罐头…300 毫升
月桂叶…1 片
盐…1/2 小勺
胡椒…少许

* 根据个人喜好，可将1小勺干香草与月桂叶混合后一同放入。

制作方法

1 将橄榄油、蒜放入平底锅内，中火加热，炒出香味后放入洋葱、西芹、胡萝卜，炒至变软后盛出。
2 将步骤1中的平底锅加热，放入肉末，炒至变色后，再将步骤1的食材倒入锅内，继续翻炒。
3 倒入红葡萄酒，煮沸后加入捣烂的水煮番茄、月桂叶，中火煮约10分钟，加入盐和胡椒调味。

可用于制作意大利宽面、奶汁烤饭、章鱼饭、肉饼等。可加在切成薄片的茄子和山药上，或添加奶酪烤制。

小贴士

将蔬菜炒至变软，使洋葱的甜味散发出来后，再放入炒好的肉末。

倒入红葡萄酒，稍稍煮沸后，可使红葡萄酒特殊的香味散发出来。

美食小课堂

意大利肉酱面的基础制作方法

材料（2人份）

意大利面…160 克　盐…适量
肉酱…半份

1 向锅内加入充足的水烧热，加盐（2升水配1大勺盐），按照包装上说明的时间将意大利面煮熟，倒掉热水。
2 将肉酱放入锅内加热。
3 将步骤1的意大利面盛入盘中，浇上步骤2的肉酱，根据个人喜好，可撒上奶酪粉。

日式蘑菇沙司

保质期
冷藏约 1 周

使用两种以上蘑菇制作而成。使多种蘑菇的味道融入其中，酱汁更加美味。

小贴士

煮至蘑菇变软、水分溢出后再加入酱油和味醂调味。煮沸后，可使味醂中的酒精挥发。

推荐搭配

可代替调味汁添加于沙拉中，还可添加于嫩煎猪排沙司中。此外，还可用于炒饭。

材料（4人份）

杏鲍菇、鲜香菇、口蘑…共200克
大蒜片…1瓣量
红辣椒…1根
色拉油…3大勺
酱油…3大勺
味醂…3大勺

制作方法

1 口蘑撕成小块，香菇与杏鲍菇切薄片，红辣椒去子。
2 将色拉油、大蒜、红辣椒放入平底锅内，小火加热，炒出香味后放入蘑菇，转中火，炒至变软。
3 倒入酱油、味醂，煮沸后熄火。

美食小课堂

日式蘑菇意大利面的基础制作方法

材料（2人份）

意大利面…160克
盐…适量
日式蘑菇沙司…半份

1 向锅内加入充足的水烧热，加盐（2升水配1大勺盐），按照包装上说明的时间将意大利面煮熟，倒掉热水（盛出3大勺面汤）。
2 将日式蘑菇沙司放入平底锅内，稍煮片刻，加入意大利面和步骤1的面汤，搅拌均匀。

海鲜拉古酱

保质期
冷藏约 5 天

充分享受海鲜的鲜香。与香料一起炖煮，味道更加美味。

小贴士

加入白葡萄酒稍加煮沸，当散发出酒香时再加入番茄罐头。

小火炖煮收汁到如图所示的样子为最佳。

材料（4人份）

章鱼…100 克
虾仁…100 克
墨鱼…100 克
洋葱末…1/2 个量
大蒜末…1 瓣量
橄榄油…1 大勺
白葡萄酒…50 毫升
水煮番茄罐头…1 罐（400 毫升）
月桂叶…1 片
百里香…2 根
牛至…2 根
盐…2/3 小勺
胡椒…少许

制作方法

1 将章鱼（焯水）、虾仁、墨鱼切成1厘米的块。
2 向平底锅内加入橄榄油，放入蒜末，小火炒出蒜香。然后放入洋葱和切好的海鲜，中火翻炒均匀。
3 加入白葡萄酒，稍加煮沸后放入捣烂的番茄和香料，小火炖约20分钟，加入盐、胡椒调味。

可作为奶汁烤菜或意式烩饭沙司使用，也可用于凉拌青菜或者作为面包酱用。

美食小课堂

海鲜拉古酱意大利面的基础制作方法

材料（2人份）

意大利面…160 克
盐…适量
海鲜拉古酱…半份

1 向锅内加入充足的水烧热，然后放入盐（2升水配1大勺盐），按照包装上说明的时间将意大利面煮熟，倒掉热水（盛出3大勺面汤备用）。
2 向平底锅内加入海鲜拉古酱，加热。放入盛出的面汤，加入煮好的意大利面，搅拌均匀。

橄榄油调味汁

保质期：冷藏约 2 周

为使大蒜和辣椒的香味能够充分融入到油中，小火慢炖是秘诀。

材料（4人份）

橄榄油…100 毫升
大蒜片…3 瓣量
红辣椒…4 个
欧芹末…1 大勺
盐…2/3 小勺
胡椒…少许

制作方法

1 红辣椒去子。
2 向平底锅内加入红辣椒、大蒜、橄榄油，小火加热，炒出香味后熄火。放入欧芹、盐、胡椒。

可用于凉拌西蓝花、土豆，或者涂在面包上，也可以作为炒菜油使用。

美食小课堂

辣味蒜香意大利面的基础制作方法

材料（2人份）

意大利面…160 克
盐…适量
橄榄油调味汁…半份

向平底锅内加入调味汁加热，然后放入3大勺面汤，加入煮好的意大利面，拌匀。

意式冷面番茄沙司

保质期：冷藏约 5 天

新鲜的番茄搭配清香的罗勒叶，清香爽口。单单看着都觉得清凉无限。

材料（4人份）

番茄…2 个
罗勒叶…10 片
大蒜泥…1 瓣量
橄榄油…100 毫升
盐…1 小勺
胡椒…少许

制作方法

1 番茄切开去瓤，切成1厘米的方块，罗勒叶稍加切碎。
2 容器中放入备好的番茄和罗勒叶以及剩下的调味料搅拌均匀。

可搭配切好的马苏里拉奶酪，做成卡布里沙拉，也可搭配坚果。

美食小课堂

意式番茄冷面的基础制作方法

材料（2人份）

意式冷面…160 克
盐…适量
意式冷面番茄沙司…半份

锅内加水煮沸，然后放入盐（2升水配1大勺盐），放入意式冷面，按照包装上所示的时间煮熟。倒掉热水，然后过冷水，变凉后沥干，加入沙司拌匀。

茼蒿青酱风味沙司

保质期：冷藏约 1 周

强烈推荐稍苦的茼蒿。在难买到鲜罗勒叶的冬天一定要试试这款沙司。

材料（4人份）

茼蒿叶…50 克
核桃…40 克
奶酪粉…2 大勺
橄榄油…100 毫升
大蒜…1 瓣
盐…1/2 小勺
胡椒…少许

制作方法

1 茼蒿充分洗净后沥干，核桃炒香。
2 将所有食材放入搅拌机中，搅拌至表面光滑。

可用于拌水煮土豆、意式土豆团子，也可用作面包酱。

美食小课堂

茼蒿青酱意大利面的基础制作方法

材料（2人份）

意大利面…160 克
盐…适量
茼蒿青酱风味沙司…半份

煮面，加适量盐。在煮好的意大利面上浇淋3大勺面汤和沙司即可。

明太子蛋黄酱

保质期：冷藏约 1 周

使用蛋黄酱，只需搅拌均匀就能完成的酱料。配菜推荐绿紫苏。

材料（4人份）

芥末明太子…60 克
蛋黄酱…4 大勺
大蒜泥…1/2 瓣量
生抽…1 小勺
胡椒…少许

制作方法

1 明太子去膜。
2 向容器中放入处理好的明太子，以及剩余调味料充分搅拌。

搭配土豆泥使用可以做沙拉，也可以作为薯条蘸酱。

美食小课堂

明太子蛋黄酱意大利面的基础制作方法

材料（2人份）

意大利面…160 克
盐…适量
明太子蛋黄酱…半份

煮面，加适量盐。在煮好的意大利面上浇淋3大勺面汤和明太子蛋黄酱，拌匀。

其他意大利面酱

番茄酱意大利面沙司➡P.23　意大利通心粉沙司➡P.26
青酱意大利面沙司➡P.51　美式意大利宽面沙司➡P.63

蔬菜泥

蔬菜的美味浓缩于其中，色彩也很鲜艳。可用于做汤、调味汁、沙司等，用途十分广泛。

美食小百科

可以冷冻保存

冷冻大约可以保存3周。将番茄酱放入冷冻袋中，放平，使用时只需折取需要使用的量即可。

番茄泥

保质期
冷藏约 5 天

将磨成泥的番茄煮至浓缩。汁水越少，可存放的时间越长。

材料（易于制作的分量）

番茄…3 个（约 450 克）

盐…1/4 小勺

制作方法

1 番茄切开去瓤，磨成泥。

2 向锅内放入处理好的番茄，中火加热，炖约10分钟至番茄黏稠。加入盐调味。

可为番茄沙司或咖喱调味，也可添加于清汤中做成蔬菜浓汤或者淋于煎蛋卷上。

蘑菇泥

保质期
冷藏约 5 天

蘑菇洒上酒后放入微波炉加热。香气扑鼻。

材料（易于制作的分量）

蘑菇…300 克

酒…3 大勺

盐…1/4 小勺

＊蘑菇可根据个人喜好选择口蘑、香菇、杏鲍菇、洋菇等

制作方法

1 蘑菇去根，放入耐热容器中，洒上酒，盖上保鲜膜用微波炉加热约3分钟。

2 将加热好的蘑菇连着汁水一起放入搅拌机中，加入适量盐，搅拌成表面光滑的糊（也可使用榨汁机）。

可搭配牛奶、清汤做出美味蘑菇汤，还可以用作意大利面酱。

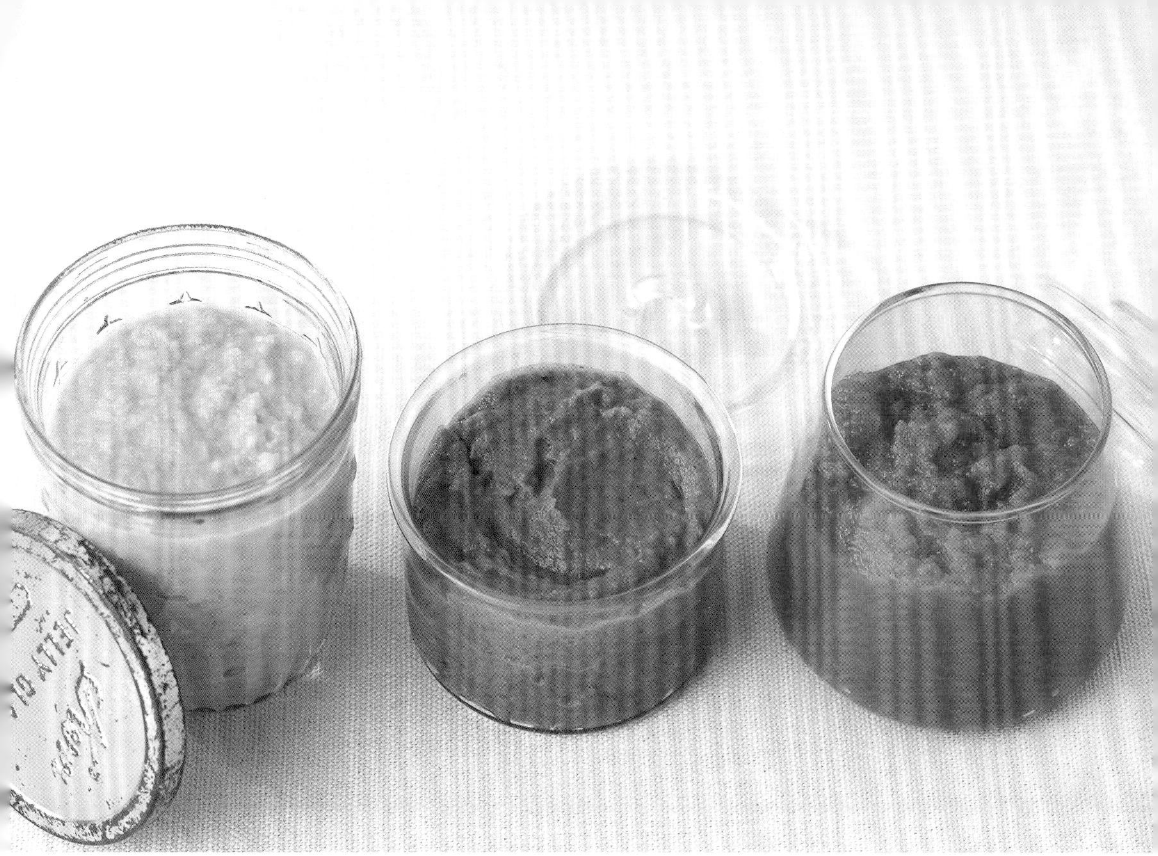

芦笋泥

保质期 冷藏约 5 天

香甜浓厚，牛奶的醇香衬托出芦笋的鲜美。

材料（易于制作的分量）
绿芦笋…200 克
牛奶…2 大勺
盐…1/4 小勺

制作方法
1 掰去芦笋根部较硬的部分，用热水焯约1分钟，沥干。
2 向搅拌机中放入焯好的芦笋和剩余食材，搅拌至黏稠即可（也可使用榨汁机）。

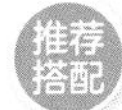

推荐搭配 可搭配牛奶、清汤，做出美味芦笋汤，也可以混合到薄煎饼或果仁蛋糕原材料中。

洋葱泥

保质期 冷藏约 5 天

用油将洋葱炒出洋葱的香味是做洋葱泥的关键。

材料（易于制作的分量）
洋葱片…2 个量
橄榄油…2 大勺
盐…1/4 小勺
水…3 大勺

制作方法
1 向平底锅内加入橄榄油，放入洋葱，中小火炒至洋葱变成焦糖色。
2 向搅拌机中加入炒好的洋葱、盐和适量的水，搅拌至黏稠即可（也可使用榨汁机）。

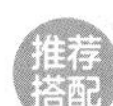

推荐搭配 可作为洋葱奶汁汤汤底，也可以代替炒洋葱加入到汉堡包或咖喱中使用。

胡萝卜泥

保质期 冷藏约 5 天

将胡萝卜蒸熟后，只需加入少许盐，胡萝卜的甜香瞬间提升。

材料（易于制作的分量）
胡萝卜…2 个（约 300 克）
酒…3 大勺
盐…1/4 小勺

制作方法
1 胡萝卜任意切块，用蒸锅蒸熟（或放少许水煮熟）。
2 向小锅内放入酒，煮沸后熄火。
3 向搅拌机中放入蒸好的胡萝卜、酒和盐，搅拌至黏稠即可（也可使用榨汁机）。

推荐搭配 可用于做汤，或者拌米饭。推荐加入到做蛋糕或煎饼的原材料中调味。

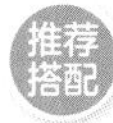

腌泡汁

富含柠檬的清新酸爽，搭配香菜和蜂蜜的香甜，尽情享受多种口味的融合。

基础腌泡汁

保质期

冷藏约 1 周

以橄榄油为底料，充分发挥食材的原始简单味道。

材料（约60毫升的分量）

柠檬汁…1 大勺
盐…1/2 小勺
胡椒…少许
橄榄油…3 大勺

制作方法

将所有食材充分混合。

推荐搭配

可搭配白肉鱼、三文鱼、煮熟的章鱼一起食用，也可以搭配黄瓜、辣椒、胡萝卜、芹菜等蔬菜。

美食小课堂

＊冷藏可保存约3天

香渍番茄牛油果虾仁的制作方法

材料（易于制作的分量）

水煮虾…80 克
小番茄…8 个
牛油果…1 个
基础腌泡汁…整份

1 小番茄对半切开，牛油果削皮去核，切成2厘米的块。
2 将虾和备好的小番茄、牛油果放入基础腌泡汁中，放入冰箱冷藏1~3小时。

香草腌泡汁

保质期

冷藏约 1 周

使用小茴香、续随子、洋葱，让人眼前一亮，带给你不一样的美味。

材料（约80毫升的分量）

柠檬汁…1 大勺
洋葱末…1 大勺
小茴香碎…2 根量
续随子碎…1/2 大勺
盐…1/3 小勺
胡椒…少许
橄榄油…3 大勺

制作方法

1 洋葱洗净后沥干。
2 将所有材料混合后搅拌均匀。

推荐搭配

可搭配白肉鱼、虾、章鱼、鸡肉等，也可搭配西葫芦、芦笋等蔬菜或豆类一起食用。

美食小课堂

* 冷藏可保存约3天

香草腌三文鱼制作方法

材料（易于制作的分量）

三文鱼（刺身用）…100 克
香草腌泡汁…整份

三文鱼切片，放入香草腌泡汁中，放入冰箱冷藏1~3小时。

美食小百科

小茴香

特点是香气清爽。因其与醋相配，非常适合做腌泡汁和调味汁。

蜂蜜腌泡汁

与番茄水果等搭配再合适不过了。搭配上与其相配的香草，香气扑鼻。

保质期

冷藏约 1 周

材料（约100毫升的分量）

蜂蜜…4 大勺
柠檬汁…1.5 大勺
姜汁…1 大勺
迷迭香…1 根
盐…1 小撮

制作方法

迷迭香去根茎后，放入所有食材充分搅拌。

推荐搭配

可搭配猕猴桃、菠萝、木瓜、橙子或麝香葡萄等。

美食小课堂

*冷藏可保存约3天

香渍番茄葡萄柚的制作方法

材料（易于制作的分量）

葡萄柚…1 个
小番茄…10 个
蜂蜜腌泡汁…整份

1 葡萄柚去皮，小番茄去蒂去皮。
2 将备好的葡萄柚和小番茄放入蜂蜜腌泡汁中，放入冰箱冷藏1~3小时。

腌渍汁

清爽的味道正好可以缓解油腻。因为在腌制状态下就可以冷藏，所以可以毫无浪费地用完零散的蔬菜也是其魅力所在。

保质期

冷藏约 2 周

基础腌渍汁

用大蒜、辣椒和胡椒来给整体调味，搭配上葡萄酒醋的清香酸爽。

材料（约400毫升的分量）

白葡萄酒醋…200 毫升
水…200 毫升
砂糖…5 大勺
盐…1 小勺
大蒜片…1 瓣量
月桂叶…1 片
红辣椒…1 个
黑椒粒…1/2 小勺

制作方法

向锅内放入所有食材，中火加热，煮沸后熄火冷却。

推荐搭配

适合所有蔬菜。特别推荐豆类、菜花、小番茄、嫩玉米和小洋葱。

美食小课堂

*冷藏可保存约2周

什锦泡菜的制作方法

材料（易于制作的分量）

黄瓜…2 根
红辣椒…1/2 个
胡萝卜…1/2 根
基础腌渍汁…整份

1 黄瓜切成3厘米长的块，红辣椒切段，胡萝卜切成1厘米宽的月牙形。
2 将备好的食材放入热水中稍微焯一下，捞出沥干。
3 向保存容器中放入焯好水的食材，加入基础腌渍汁。放入冰箱冷藏一天以上。

美食小百科

月桂叶

指晒干的月桂树树叶，香味清爽，适合添加于西式咸菜和汤中作调味用。

日式腌渍汁

保质期
冷藏约 1 周

海带的特殊风味加上生姜的清凉感，清淡又爽口。

材料（约300毫升的分量）

米醋…200 毫升
水…100 毫升
砂糖…6 大勺
盐…1 小勺
生抽…2 小勺
海带…3 厘米
红辣椒…1 个
生姜…1 片

制作方法

向锅内放入所有食材，中火加热，煮沸后熄火放凉。

推荐搭配

可搭配所有蔬菜，特别是秋葵、姜、萝卜、黄瓜、芹菜、莲藕、豆类等。

美食小课堂　＊冷藏可保存约1周

什锦日式泡菜的制作方法

材料（易于制作的分量）

芜菁…3 个
红辣椒…1/2 个
菜花…1/2 个
日式腌渍汁…整份

1 芜菁切半圆片，红辣椒切大块，菜花掰成小朵。
2 将备好的食材放入热水中焯熟，捞出沥干。
3 向保存容器中放入焯好的食材，加入基础腌渍汁。放入冰箱冷藏一天以上。

咖喱腌渍汁

保质期
冷藏约 2 周

只需加入咖喱粉，就可以做出让人食欲大增的味道。腌渍汁推荐搭配肉类一起食用。

材料（约400毫升的分量）

白葡萄酒醋…200 毫升
水…200 毫升
砂糖…5 大勺
盐…1 小勺
大蒜片…1 瓣量
月桂叶…1 片
红辣椒…1 个
黑椒粒…1/2 小勺
咖喱粉…2 小勺

制作方法

向锅内放入所有食材，中火加热，煮沸后熄火放凉。

推荐搭配

黄瓜、胡萝卜、莲藕、圆白菜、南瓜等蔬菜，也可用于搭配豆类和水煮蛋。

美食小课堂　＊冷藏可保存约2周

什锦咖喱泡菜的制作方法

材料（易于制作的分量）

菜花…1/2 个（130 克）
红辣椒…1/2 个　芹菜…1 根
咖喱腌渍汁…整份

1 菜花掰成小朵、红辣椒切段、芹菜纵向切开，切成3厘米宽的条。
2 将备好的食材放入热水中焯熟，捞出沥干。
3 将焯好的食材放入保存容器中，加入咖喱腌渍汁。放入冰箱冷藏一天以上。

蘸酱和泥酱

使用料理机、搅拌机就能轻松制作。意大利面、三明治、嫩煎肉等多种菜式都能使用。享受涂面包、拌青菜的美味！

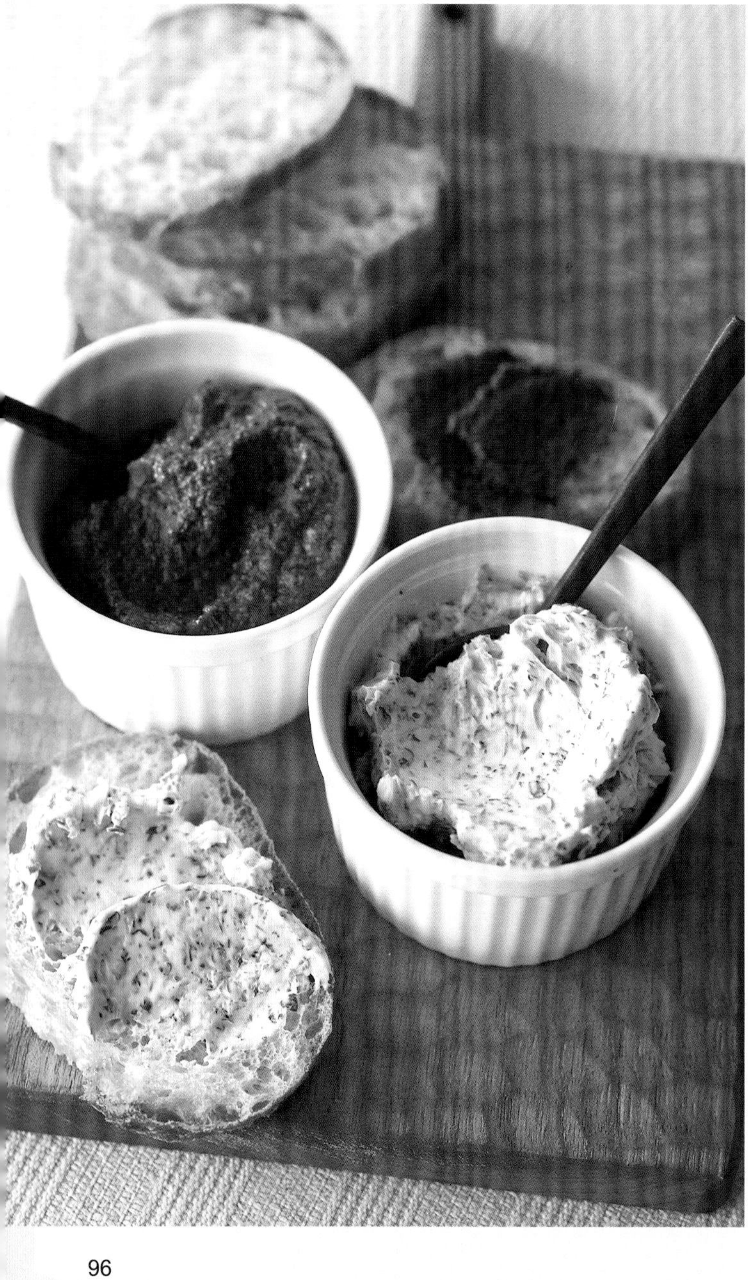

保质期
冷藏
约2周

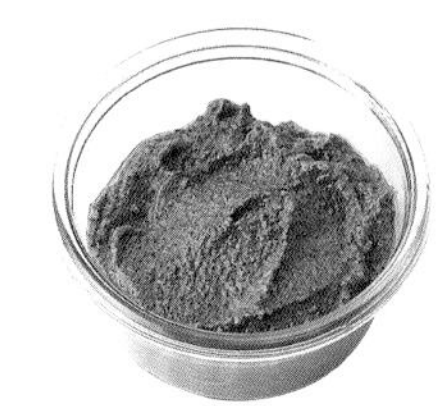

橄榄酱

使用法国南部传统橄榄制作。

材料（易于制作的分量）

无核黑橄榄…1杯（200毫升）
大蒜…1瓣
鳀鱼…3条
续随子…2大勺
橄榄油…3大勺

制作方法

将所有食材放入料理机或搅拌机中，搅拌成表面光滑的糊状即可。

推荐菜式

可配合番茄沙司使用，可作为意大利面拌酱，也可以作为比萨酱或者嫩煎海鲜酱使用。

保质期
冷藏
约1周

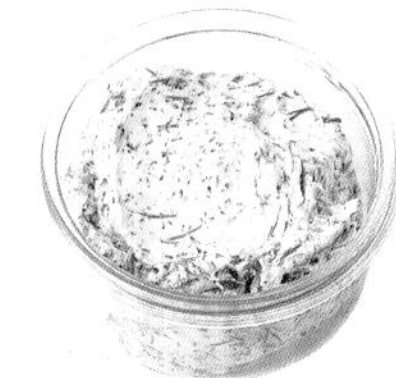

香草蘸酱

与大量的奶油沙司相混合制作出的香草风味蘸酱，是成年人的最爱。

材料（易于制作的分量）

韭菜…5克	小茴香…5克
牛至…5克	欧芹…10克
大蒜…1瓣	奶油奶酪…100克
盐…1/2小勺	胡椒…少许

制作方法

1 奶油奶酪常温放置，牛至和欧芹去根茎。
2 将所有食材放入料理机或搅拌机中，搅拌至黏稠即可。

推荐菜式

可搭配烤鸡做三明治，也很适合搭配吐司面包。

鹰嘴豆蘸酱

人气料理也能轻松制作。加入孜然后，瞬间变身为东方味道。

材料（易于制作的分量）

水煮鹰嘴豆…1杯（200毫升）
洋葱…1/4个
大蒜…1瓣
白芝麻酱…2大勺
橄榄油…3大勺
柠檬汁…1大勺
孜然粉…1/2小勺
盐…1/2小勺
胡椒…少许

制作方法

将所有食材放入搅拌机中，搅拌成表面光滑的糊状。

> **推荐搭配**
> **可用于拌生菜、做三明治，同时推荐搭配百吉饼一起食用。**

花生黄油蘸酱

花生酱和蛋黄酱看上去是奇怪的组合，吃起来却很美味。

材料（易于制作的分量）

花生酱（无糖）…4大勺
蛋黄酱…1大勺
橄榄油…1大勺
醋…1/2大勺
蜂蜜…2小勺
盐、胡椒…各少许

制作方法

向容器中放入所有食材，搅拌成表面光滑的糊状。

> **推荐搭配**
> **可用于三明治，也可搭配煎至金黄的猪肉或培根一起食用。**

牛油果蘸酱

柠檬汁能够保证牛油果的嫩绿，洋葱的口感是其重点。

材料（易于制作的分量）

牛油果…1个
柠檬汁…1大勺
洋葱…1/8个
蛋黄酱…1大勺
盐…1/2小勺
胡椒…少许

制作方法

1 牛油果去核去皮后捣碎，淋上柠檬汁。洋葱切碎，洗净后沥干。
2 向容器中放入步骤**1**的食材、蛋黄酱、盐和胡椒，然后搅拌均匀。

> **推荐搭配**
> **做三明治时，推荐搭配烟熏三文鱼，此外，搭配百吉饼也很美味。**

肝泥酱

将肝及带有特殊香味的蔬菜、香草一起炖煮，加入奶酪调成糊状即可。

材料（易于制作的分量）

鸡肝…150克
大蒜…1瓣
洋葱…1/4个
橄榄油…1大勺
迷迭香…1根
白葡萄酒…2大勺
奶油奶酪…50克
盐…1/2小勺
胡椒…少许

制作方法

1 将鸡肝放入水中，去血和多余脂肪。大蒜、洋葱切碎。迷迭香去根茎。
2 向平底锅内加入橄榄油，放入蒜末、洋葱末，小火翻炒，炒出香味后加入鸡肝和迷迭香，稍加翻炒后，加入白葡萄酒煮沸。
3 将步骤**2**的食材、奶油奶酪、盐和胡椒放入搅拌器中搅拌至黏稠顺滑。

> **推荐搭配**
> **推荐涂在法棍面包上，搭配红酒享用，或者蘸在烤土豆上。**

明太子奶酪蘸酱

明太子带着微微辣意。
蘸酱整体呈淡淡粉色，十分好看。

材料（易于制作的分量）

辣味明太子…1瓶（约40克）
奶油奶酪…100克
大蒜泥…1瓣量
盐、胡椒…各少许

制作方法

1 取出奶油奶酪，常温下放置。明太子揉搓去膜。
2 将所有材料放入碗中，用搅拌器搅拌至表面光滑。

推荐搭配
可与三明治搭配食用，也可涂抹在烤土豆片或烤西葫芦片上吃。

茄子泥酱

烤过的茄子散发淡淡甘甜。
具有鳀鱼的鲜味和巴萨米克醋的香醇。

材料（易于制作的分量）

茄子…5根
大蒜…1瓣
鳀鱼…2条
橄榄油…4大勺
巴萨米克醋…1小勺
盐、胡椒…各少许

制作方法

1 将茄子置于烤架上烤制，待表皮烤焦后剥去焦皮。
2 将所有材料放入多功能料理机或搅拌机中搅拌至表面光滑。

推荐搭配
可涂于嫩煎猪肉上做成三明治，推荐用皮塔饼来制作三明治皮。

金枪鱼奶油蘸酱

西芹、大蒜与欧芹散发出浓郁的香味。
使用鲜奶油制作而成，香浓爽滑。

材料（易于制作的分量）

金枪鱼罐头…2小罐（160克）
西芹…1/4根
大蒜…1瓣
欧芹…5把
芥末…1小勺
鲜奶油…3大勺
橄榄油…1大勺
盐…1/4小勺
胡椒…少许

*芥末酱使用的是第戎芥末酱。

制作方法

1 金枪鱼罐头沥干汤汁。
2 将所有材料放入多功能料理机或搅拌机中搅拌至表面光滑。

推荐搭配
可与黄瓜片、煮鸡蛋搭配制作三明治。不推荐用烤面包来制作三明治皮。

蘑菇泥酱

炒制后的蘑菇更加香浓。
若条件允许，蘑菇的种类越多越好。

材料（易于制作的分量）

蘑菇（香菇、杏鲍菇、口蘑等）…200克
大蒜…1瓣
橄榄油…2大勺
白葡萄酒…2大勺
黄油…20克
鲜奶油…2大勺
盐…1/2小勺
胡椒…少许

制作方法

1 将蘑菇切成薄片，或撕成条。大蒜切成薄片。
2 向平底锅内放入橄榄油、蒜，小火加热，煮出香味后放入蘑菇，中火翻炒。待蘑菇变软后，加入白葡萄酒，煮沸。
3 将步骤**2**的材料、黄油、鲜奶油、盐、胡椒放入多功能料理机或搅拌机搅拌至表面光滑即可。

推荐搭配
可与嫩煎鸡排或法式黄油烤三文鱼沙司搭配，或搭配用烤面包制作的三明治。

其他蘸酱和泥酱 柠檬蘸酱➡P.61 戈贡佐拉酱➡P.69 明太子蛋黄酱➡P.89

人气西式料理沙司

只需将西式沙司冷藏起来，在家庭聚餐时就能派上大用场，宴请客人也很有面子。美味盛宴，即刻开启！

意式鳀鱼沙司

沙司中带着浓浓蒜香。加热片刻，即可用蔬菜蘸着直接食用。

保质期 冷藏约 3 天

材料（易于制作的分量）

大蒜…5 瓣
牛奶…100 毫升
鳀鱼末…4 条量
橄榄油…3 大勺
盐…少许

制作方法

1 将大蒜纵向切成两半。
2 将步骤1的大蒜放入小锅内，加水没过食材，大火加热。煮沸后转中火煮约15分钟，待大蒜变软后将水倒掉。
3 倒入牛奶，小火加热，将大蒜用叉子捣碎，炖约10分钟。煮制过程中易糊锅，因此用小火加热。
4 加入鳀鱼，搅拌均匀，一边缓缓倒入橄榄油一边搅拌，加盐调味。

推荐搭配

可与胡萝卜、辣椒、小萝卜、焯熟的西蓝花、莲藕、扁豆、青芦笋等搭配食用。

荷兰沙司

与火腿蛋松饼十分相配。黄油与蛋黄增添一份香浓，柠檬带来一丝酸爽。

保质期 冷藏二三天

材料（2人份）

蛋黄…2 个
白葡萄酒…50 毫升
融化黄油…50 克
柠檬汁…1 小勺
盐、胡椒…各少许

制作方法

1 向小锅内倒入白葡萄酒，煮至减半后熄火，静置冷却。
2 将步骤1的白葡萄酒、蛋黄放入碗中，均匀搅拌。倒入开水，一边缓缓倒入融化的黄油，一边用橡皮刮均匀搅拌，加入柠檬汁、盐、胡椒调味。

推荐搭配 除火腿蛋松饼沙司外，还可与嫩煎鱼排沙司、蔬菜蘸酱等搭配。若放凉后变硬，可用微波炉加热。

烤牛肉、烤猪肉沙司

日式洋葱酱➡P.69
蓝莓酱➡P.71
芥末酱➡P.71
红葡萄酒沙司➡P.72

西式炖品沙司、汤汁

意式水煮鱼风味沙司➡P.24
蔬菜浓汤汤料➡P.27
普罗旺斯蔬菜杂烩沙司➡P.28
墨西哥辣豆酱➡P.28
日式包菜卷沙司➡P.29
白酱炖菜沙司➡P.32
玉米汤汤料➡P.35
蛤蜊浓汤汤料➡P.36
奶油海鲜汤汤汁➡P.36
海鲜浓汤汤料➡P.63

卡帕奇欧沙司

在薄薄的刺身上浇淋酱汁，即可享用与红酒绝配的极品佳肴。

保质期 冷藏约 3 天

材料（4人份）

橄榄油…5 大勺
柠檬汁…2 大勺
盐…2/3 小勺
胡椒…少许
洋葱末…1 大勺
大蒜末…1 小勺
香葱末…1 大勺
欧芹末…1 小勺

制作方法

将材料充分混合。

推荐搭配

可与三文鱼、白身鱼、章鱼、扇贝、金枪鱼、鰤鱼、鲣鱼及青鱼的刺身等搭配食用。此外，还可搭配番茄、牛油果或豆腐等。

复合黄油让料理更添风味。可添加于牛排或香煎鱼排上，还可直接用于炒菜。冷冻可保存 1 个月。下面将介绍 2 种复合调味黄油。

蜗牛黄油酱

大蒜与欧芹香味浓郁，与海鲜完美融合。

保质期 冷藏约 2 周

材料（易于制作的分量）

黄油…70 克
大蒜末…1 大勺
欧芹末…2 大勺
盐、胡椒…各少许

制作方法

取出黄油，常温下放置软化。加入其他材料，充分搅拌。将黄油揉成团，搓成长条，用锡纸包好放入冰箱冷藏。

推荐搭配

可添加于牡蛎或扇贝等海鲜上，用烤鱼架烤制，最后放上蒜蓉烤熟即可，还可用于制作炒章鱼或蛤蜊烩饭等。

鳕鱼子黄油酱

鳕鱼子的鲜美与咸香融入黄油中，十分美味。鳕鱼子可用明太子替代。

保质期 冷藏约 2 周

材料（易于制作的分量）

黄油…70 克
去膜的鳕鱼子…3 大勺
大蒜末…1 大勺
意大利欧芹末…2 小勺
胡椒…少许

制作方法

取出黄油，常温下放置软化。加入其他材料，充分搅拌。将黄油揉成团，搓成长条，用锡纸包好放入冰箱冷藏。

推荐搭配

可涂在面包上烤制，或用于拌意大利面。也可添加在蒸好的土豆上。

日式料理调料汁、汤汁

本部分将为大家介绍日式烤物（烧烤）、味噌腌床、腌渍调料汁、腌料、拌酱等日式料理基础酱汁及汤汁，调味一步搞定。

日式烧烤酱汁

只需预先调制好酱汁，蒲烧、生姜烧、烤鸡肉串等轻松搞定。烤制过程中酱香迎面扑来，让人食欲大增。

保质期

冷藏约 2 周

蒲烧酱汁

只需多添加些味醂，就可以让味道更加香甜，色泽更加诱人。

材料（4人份）

酱油…3 大勺
味醂…3 大勺
酒…3 大勺
白砂糖…1 大勺

制作方法

将所有材料放入小锅内，中火加热。煮沸后熄火，静置冷却。

推荐搭配

除沙丁鱼外，还可用于制作蒲烧鳗鱼、竹荚鱼、秋刀鱼等，此外，还可用于制作蒲烧鱼糕、豆腐或蒲烧茄子等。

美食小课堂

蒲烧沙丁鱼的基础制作方法

材料（2人份）

沙丁鱼…4 条
面粉…1 小勺
色拉油…2 小勺
蒲烧酱汁…半份

1 将沙丁鱼鱼身用手掰开，用滤网将面粉均匀的撒到鱼身上。
2 向平底锅内倒入色拉油，中火加热，把步骤1的沙丁鱼皮朝下放置煎制（可根据个人喜好，把切好的尖椒放入锅内一起煎制）。
3 将两面煎至焦黄后，用厨房纸巾拭去多余的油分，倒入蒲烧酱汁煮至均匀入味即可。

还可用作照烧汁！

同一配方不用煮制，搅拌后就可变身为“照烧酱汁”（4人份）。使用时，将鸡肉和鰤鱼或其他鱼放入酱汁中，腌制约15分钟，轻轻将汤汁倒干，在鸡肉或鱼肉上薄薄涂一层面粉。油热后，将肉放入平底锅内煎制。煎熟后，加入腌渍调料汁，煮至入味即可。

生姜烧调料汁

甜辣恰到好处，姜味与辣味相得益彰，十分下饭。

保质期
冷藏约1周

材料（4人份）
酱油…4大勺
味醂…2大勺
酒…2大勺
白砂糖…1大勺
生姜汁…1大勺

制作方法
将材料充分混合。

推荐搭配

除猪肉外，还可与鸡肉、三文鱼片、炸厚豆腐等相搭配。此外，还可用于制作蔬菜肉卷及炒菜。

美食小课堂

猪肉生姜烧的基础做法

材料（2人份）
猪里脊肉薄片…8片
淀粉…1小勺
色拉油…2小勺
生姜烧调料汁…半份

1 猪肉去筋，用滤网将淀粉薄薄地撒在肉片上。
2 向平底锅内倒入色拉油，中火加热，将步骤**1**的肉片平铺于锅内，煎至两面金黄。用纸巾拭去多余的油分，加入调料汁煮至入味。
3 盛盘，根据个人喜好，可搭配圆白菜（切丝）、番茄（切半圆片）。

幽庵烧调料汁

用柚子汁制成的酱汁腌鱼，再进行煎制，这便是幽庵烧。煎制过后依然鲜嫩多汁。

保质期
冷藏约1周

材料（4人份）
酱油…4大勺
味醂…4小勺
酒…4大勺
柚子汁…1大勺

制作方法
将材料充分混合。

推荐搭配

除猪肉外，还可与鸡肉、三文鱼片、炸厚豆腐等相搭配。此外，还可用于制作蔬菜肉卷及炒菜。

美食小课堂

将材料放入幽庵烧调料汁内，放入冰箱冷藏，腌制一晚。将汤汁倒干后，用烤鱼架将鱼肉烤至两面焦黄（根据左侧酱汁的分量，可将一条鱼切成4块腌制）。

烤鸡肉串调料汁

因酱汁含糖分较高，较黏稠，最好一边烤肉一边涂酱汁。

材料（4人份）

酱油…100 毫升
味醂…3 大勺
酒…3 大勺
白砂糖…3 大勺
大葱（葱绿）…1 根

保质期

冷藏约 2 周

推荐搭配

除鸡肉外，还可与猪肉、牛肉相搭配。此外，与烤大葱、尖椒、茄子等蔬菜也十分相配。

制作方法

向小锅内倒入味醂、酒，煮沸后加入酱油、白砂糖、大葱，煮至汤汁浓缩为2/3的量。三天后，取出大葱。

美食小课堂

烤鸡肉串的基础制作方法

材料（2人份）

去骨鸡腿肉…1 只

Ⓐ 鸡肉末…200 克
大葱末…5 厘米量
淀粉…1 小勺
盐…少许

烤鸡肉串调料汁…半份

1 将鸡腿肉切成小块，串在竹扦上。
2 将材料Ⓐ放入碗中，充分搅拌，揉成肉团。分成2等份，将一次性筷子掰开，将肉分别紧紧串在筷子上。
3 将步骤**1**和步骤**2**的材料置于铺有锡纸的烤盘上，230℃烤约5分钟。涂上烤鸡肉串调料汁，继续烤约3分钟，涂第二遍调料汁，再烤约3分钟。盛盘，根据个人喜好，可搭配绿紫苏。

洋葱烤肉调料汁

洋葱的香甜与特殊的味道让人回味无穷。酱汁较黏稠，因此非常容易入味。

保质期

冷藏约 1 周

材料（4人份）

洋葱泥…1/2 个量
生姜泥…1 片量
大蒜泥…1 瓣量
酱油…4 大勺
酒…3 大勺
白砂糖…3 大勺

制作方法

将所有材料放入小锅内，煮沸后熄火。

推荐搭配

可与猪肉、鸡肉、鲑鱼、鲕鱼、青花鱼（切片）及墨鱼等海鲜搭配。此外，还可搭配炸厚豆腐及铁板豆腐。

美食小课堂

使用方法与生姜烧调料汁（P.102）相同。向平底锅内倒入色拉油，油热后放入食材煎制，倒入洋葱烤肉调料汁煮至均匀入味即可。

其他日式烧烤酱汁

照烧鸡肉调料汁➡P.11
鱼肉杂蔬烧调料汁➡P.42

味噌腌床

只需将食材放入味噌腌床腌制，烤制过后即可享用。去掉食材多余的水分，鲜美香浓，美味升级。

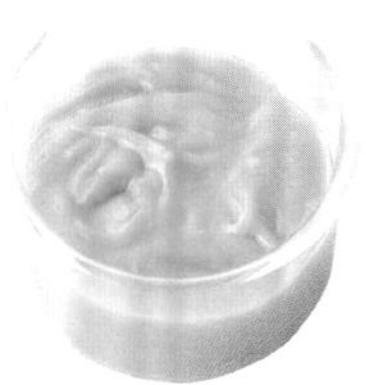

保质期
冷藏约 2 周

西京烧味噌腌床

用酒与味醂稀释甜味浓郁的白味噌，这便是味噌腌床。味道醇厚，不失档次。

材料（4人份）
白味噌…100 克
白砂糖…1 小勺
酒…1 大勺
味醂…2 大勺

制作方法
向研钵中放入白味噌、砂糖，缓缓倒入酒和味醂，搅拌至表面光滑。

推荐搭配

除鲅鱼、银鳕鱼、鲑鱼外，还可与鸡肉、猪肉等搭配。

* 腌制后的鱼，放入冰箱冷藏，可保存约1周。再次使用腌过鱼的味噌腌床时，可将其放入锅内加热，一边搅拌一边除去多余水分，即可恢复到原来的浓度。

美食小课堂

西京烧鲅鱼的基础制作方法

材料（2人份）
鲅鱼…2 片　盐…少许　酒…适量　西京烧味噌腌床…半份

1 鲅鱼撒上盐，静置约30分钟后用酒搓洗，用纸巾拭去多余水分。
2 将味噌腌床的一半涂于盘中，将步骤1的鲅鱼用纸巾包好，在上面涂上剩余的味噌腌床。放入冰箱冷藏，腌制1~4天。
3 取出鲅鱼，用烤鱼架烤至焦黄后转小火继续烤制。盛盘，根据个人喜好，可配以焯熟的菠菜。

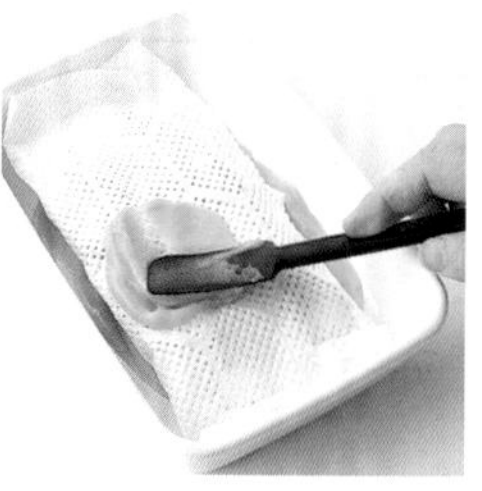

小贴士
拭干鱼肉水分后，用纸巾包好，并上下涂满味噌腌床，再放入冰箱冷藏。

酒糟味噌腌床

保质期
冷藏约 1 周

酒糟中的酵母可将食材的风味发挥得淋漓尽致，烤制过后依然鲜嫩多汁。

材料（4人份）

酒糟…150 克
味噌…50 克
盐…1/4 小勺
味醂…50 毫升

制作方法

将酒糟、味噌和盐放入研钵中，缓缓倒入味醂，搅拌至表面光滑。

推荐搭配

可与鸡肉、猪肉及银鳕鱼等白肉鱼搭配，此外，还可与墨鱼、虾及扇贝等海鲜相搭配。

美食小课堂

制作要领与西京烧鲅鱼（P.104）相同，将食材用纸巾包好后，放入冰箱冷藏，腌制24小时以上。腌好后，用烤鱼网烤制即可。

美食小百科

酒糟

酒糟是酿酒后剩余的残渣，带着淡淡酒香及独特的风味。将食材用酒糟腌床腌制后，可充分吸收酒糟独特的风味与营养，激活味蕾，美味升级。

酸奶味噌腌床

保质期
冷藏约 5 天

添加酸奶后，烤制出的肉更加鲜嫩多汁，口感更加爽滑浓郁。

材料（4人份）

原味酸奶…50 克
味噌…50 克
大蒜泥…1 瓣量
酱油…2 小勺

制作方法

将材料充分混合。

推荐搭配

除鸡腿肉、鸡胸肉、猪里脊肉厚片外，还可与白肉鱼片相搭配。

美食小课堂

制作要领与西京烧鲅鱼（P.104）相同，将食材用纸巾包好后，放入冰箱冷藏，腌制24小时以上。腌好后，用烤鱼网烤制即可。

橘子酱味噌腌床

保质期
冷藏约 1 周

酸酸甜甜的橘子酱与味噌十分相配，是肉类料理好搭档。

材料（4人份）

味噌…50 克
橘子酱…50 克
酒…2 大勺

制作方法

将材料充分混合。

推荐搭配

可用于腌制鸡腿肉、鸡胸肉、鸡翅及猪里脊肉厚片等肉类。

美食小课堂

制作要领与西京烧鲅鱼（P.104）相同，将食材用纸巾包好后，放入冰箱冷藏，腌制24小时以上。腌好后，用烤鱼网烤制即可。

其他味噌腌床 味噌腌床➡P.40

南蛮渍腌渍调料汁

将炸至酥脆的食材浸入醋汁中腌渍，这便是南蛮渍。
醋中的柠檬酸可使肉质更加软嫩，不易变质。

基础南蛮醋

将辣椒的辛辣融合于醋中。

材料（4人份）
海带…5 厘米
水…200 毫升
醋…150 毫升
生抽…2 大勺
味醂…2 大勺
酒…2 大勺
白砂糖…3 大勺
盐…2/3 小勺
红辣椒…1 个

制作方法

1 用湿布擦拭海带，放入小锅内，加200毫升水，静置泡软。将剩余的材料放入锅内加热，煮沸后熄火。

2 静置冷却后取出海带。

推荐搭配

除鲑鱼外，还可用于腌制竹荚鱼、鸡肉、猪肉、炸茄子及根菜类蔬菜。

保质期

冷藏约 1 周

美食小课堂

鲑鱼南蛮渍的基础制作方法

材料（2人份）
鲜鲑鱼…2 片
洋葱…1/4 个
西芹…1/4 根
青椒…1 个
盐、黑胡椒…各少许
面粉、炸制用油…各适量
基础南蛮醋…约半份

1 洋葱、西芹切成薄片，青椒切成细条。
2 鲑鱼切成适口大小，撒上盐、黑胡椒。薄薄地涂上一层面粉。在170℃的油温下炸制，沥干油分。
3 将步骤**2**的鲑鱼放入盘中，再放上步骤**1**的材料，倒入基础南蛮醋没过食材。盖上保鲜膜，使之与食材完全贴合。放入冰箱冷藏，腌制2小时到半天。

梅子南蛮醋

保质期
冷藏约 1 周

轻轻一嗅，淡淡梅子香。
腌制后的食材呈现淡淡红色，十分好看。

材料（4人份）

梅子醋…50 毫升
味醂…50 毫升
酒…50 毫升
白砂糖…2 小勺
水…50 毫升

制作方法

将所有材料放入小锅内加热，煮沸后熄火。

推荐搭配

可用于腌制鸡肉、猪肉、鲑鱼、白肉鱼及柳叶鱼等。

美食小课堂

制作要领与鲑鱼南蛮渍（P.106）相同。将食材薄薄地涂上一层面粉后，放入梅子南蛮醋中腌制，冷藏2小时到半天。盛盘，撒上绿紫苏丝及小葱段。

咖喱南蛮醋

保质期
冷藏约 1 周

咖喱粉的香味与辣味融入其中。
搭配特殊食材也很好吃。

材料（4人份）

海带…5 厘米
水…200 毫升
醋…150 毫升
生抽…2 大勺
味醂…2 大勺
酒…2 大勺
白砂糖…3 大勺
盐…2/3 小勺
咖喱粉…1 小勺

制作方法

1 用湿布擦拭海带，将其放入小锅内，加200毫升水，放置使其变软。将剩余的材料放入锅内，开火，煮沸后熄火。
2 放置冷却后，取出海带。

推荐搭配

可用于腌制鸡肉、猪肉、鲑鱼及白肉鱼等鱼片。此外，还可用于腌制竹荚鱼、青花鱼等青鱼。

美食小课堂

制作要领与鲑鱼南蛮渍（P.106）相同，将食材裹上面粉后，炸至酥脆，与洋葱、西芹一起放入咖喱南蛮醋腌渍，冷藏2小时到半天。

西式南蛮醋

保质期
冷藏约 1 周

一道西洋风味的南蛮醋腌鱼。
橄榄油的独特风味与醇厚是其点睛之笔。

材料（4人份）

白葡萄酒醋…100 毫升
柠檬汁…2 大勺
白砂糖…3 大勺
盐…3/4 小勺
胡椒…少许
橄榄油…100 毫升
欧芹末…1 小勺

制作方法

将材料充分混合。

推荐搭配

可用于腌制鲑鱼、沙钻鱼、鲅鱼、鲷鱼等白肉鱼，还可用于腌制鱿鱼、虾等。

美食小课堂

制作要领与鲑鱼南蛮渍（P.106）相同，将食材裹上面粉后，炸至酥脆，与洋葱、西芹一起放入西式南蛮醋腌渍，冷藏2小时到半天。

南蛮黑醋

保质期
冷藏约 1 周

不需过多调料，用黑醋就能调出丰富味道。黑醋的香浓与美味相互交织，浓郁深邃。

材料（4人份）

黑醋…100 毫升
酱油…50 毫升
白砂糖…3 大勺
水…50 毫升
盐…1 小撮

制作方法

将材料充分混合。

推荐搭配

可用于腌制鸡肉、猪肉、鲑鱼及白肉鱼等鱼片。此外，还可腌制竹荚鱼、小竹荚鱼及青花鱼等青鱼。

美食小课堂

制作要领与鲑鱼南蛮渍（P.106）相同，将食材裹上面粉后，炸至酥脆，放入南蛮黑醋腌渍，冷藏2小时到半天。盛盘，撒上绿紫苏丝及小葱段。

美食小百科

黑醋

黑醋发酵时间较长，是非常受大众欢迎的健康食品。香甜浓郁，酸味较淡。

白葡萄酒醋

白葡萄酒醋以葡萄汁为原料进行天然发酵，产生酒精及醋酸而制成。酸味与香味柔和是其特点。

梅子醋

梅子醋是制作梅干时产生的液体。由于与梅子一起腌制，液体呈现红色。带有淡淡梅子香。

日式炸物腌料、芡汁

本部分将为大家介绍可用于腌制日式炸物、龙田炸物的酱汁及日式炸物芡汁。

日式炸鸡块基础腌料

豆瓣酱增添了几分辣意，惊艳你的味蕾。

保质期
冷藏约 1 周

材料（4人份）
酱油…2 大勺
味醂…2 大勺
生姜泥…1 片量
大蒜泥…1 瓣量
豆瓣酱…1 小勺
芝麻油…1 小勺

制作方法
将材料充分混合。

推荐搭配

除鸡腿肉外，还可用于腌制鸡胸肉、鸡翅、猪肉及青花鱼等青鱼。

美食小课堂

日式炸鸡块的基础制作方法

材料（2人份）
去骨鸡腿肉…300 克
盐、胡椒…各少许
日式炸鸡块基础腌料…半份
面粉、淀粉…各 2 大勺
炸制用油…适量

1 鸡肉切成适口大小，撒上盐、胡椒，加入腌料腌制约30分钟。
2 将面粉与淀粉混合。
3 将步骤**1**的鸡肉沥干水分，裹上步骤**2**的混合物，在170℃的油温下炸至酥脆。沥干油分，盛入盘中。根据个人喜好，可搭配欧芹及柠檬。

美式炸鸡腌料

保质期
冷藏约 1 周

加入蛋黄酱后，炸出的鸡胸肉鲜嫩又香浓。

材料（4人份）
蛋黄酱…4 大勺
酱油…1 小勺
酒…1 小勺
肉豆蔻…1/4 小勺
大蒜泥…1 瓣量
盐…1/2 小勺
胡椒…少许

制作方法
将材料充分混合。

推荐搭配
推荐与鸡胸肉搭配。此外，还可用于腌制三文鱼、旗鱼、墨鱼及虾等。

美食小课堂

美式炸鸡的基础制作方法

材料（2人份）
去骨鸡腿肉…300 克
盐、胡椒…各少许
美式炸鸡腌料…半份
面粉、炸制用油…各适量

1 将鸡肉切成适口大小，撒上盐、胡椒，放入腌料腌制约30分钟。
2 轻轻拭去酱汁，撒上面粉，在170℃的油温下炸至酥脆。

龙田炸物腌料

保质期
冷藏约 1 周

浓浓生姜味，使鱼和肉的腥味一扫而光，十分下饭。

材料（4人份）
酱油…4 大勺
酒…3 大勺
味醂…4 大勺
生姜泥…1 片量

制作方法
将材料充分混合。

推荐搭配
除青花鱼外，还可与竹荚鱼、沙丁鱼、秋刀鱼、鲕鱼等青鱼及鸡肉、猪肉搭配。

美食小课堂

龙田炸青花鱼的基础制作方法

材料（2人份）
青花鱼…1 条
龙田炸物腌料…半份
淀粉、炸制用油…各适量

1 将青花鱼切成2厘米宽的块，在皮上划一刀，放入腌料腌制约30分钟。
2 将步骤1的青花鱼沥干水分，撒上淀粉，在170℃的油温下炸至酥脆。

糖醋芡汁

保质期
冷藏三四天

酸甜适中的番茄味芡汁。可浇在或裹在食材上食用。

材料（4人份）
番茄酱…2 大勺
酒…2 大勺
酱油…1.5 大勺
醋…1.5 大勺
白砂糖…1.5 大勺
淀粉…1 小勺
水…1 小勺

制作方法
将番茄酱、酒、酱油、醋、白砂糖放入小锅内，开火。稍煮片刻后倒入水淀粉，搅拌成糊状。

推荐搭配
肉丸、猪里脊肉、青花鱼、秋刀鱼、白肉鱼等。

美食小课堂

裹上面粉，将食材用170℃的油炸制后，裹上温热的芡汁即可。

日式火锅汤汁、蘸料

自己亲手调制的日式火锅汤汁与蘸料更加可口。
可让普通的蘸料打破常规，美味多种多样。

日式牛肉火锅汤底

保质期
冷藏约
2个月

使用汤底煮出的食材带着满满关东风味。
蘸上蛋液，甜辣浓郁。

材料（易于制作的分量）

水…200毫升
海带…5厘米
酱油…200毫升
味醂…200毫升
酒…100毫升
白砂糖（或黄砂糖）…60克

制作方法

1 用湿毛巾擦拭海带，放入锅内，加200毫升水，静置泡软。
2 放入剩余的材料，开火。煮沸后熄火。

* 若需立即使用，待其冷却后即可取出海带；若非立即使用，放置二三天后再将海带取出。

美食小课堂

日式牛肉火锅的基础制作方法

材料（2人份）

日式牛肉火锅专用牛肉…200克 煎豆腐…1/2块 茼蒿…100克 大葱…1根 鲜香菇…4朵 牛油（或色拉油）…适量 日式牛肉火锅汤底…300毫升

1 将煎豆腐切成适口大小，茼蒿切成随意大小。大葱切斜段，香菇切两半。
2 热锅，放入牛油化开。放入大葱翻炒。炒出香味后，放入牛肉翻炒。炒至牛肉变色后，沿锅边一圈倒入汤底，放入其他食材，继续炖煮。
3 食材煮熟后，根据个人喜好，可蘸生鸡蛋食用。

涮锅等日式火锅味道的关键在于蘸酱。
下面将为大家推荐多种口味的火锅蘸酱。

橙醋酱油

保质期
冷藏约 2 个月

柑橘类水果柔和的酸味让人食欲大增！保质期长，可多次使用是其一大特色。

材料（4人份）
柑橘类水果果汁…150~200 毫升
味醂…50 毫升
酱油…200 毫升
海带…5 厘米
木鱼花…10 克
* 推荐使用柚子、酸橙、酸橘、柠檬等水果的果汁。

制作方法
小锅内倒入味醂，开火。煮沸后放入剩余的食材，熄火。
* 冷却后保存起来，1~7 天后过滤一次。

推荐搭配
水煮鸡肉、猪肉及牛肉涮锅、河豚什锦火锅等。还可浇在凉拌沙拉上，或作饺子蘸酱。

芝麻酱

保质期
冷藏约 2 周

使用芝麻酱与炒芝麻制成，味道香浓醇厚，只需搅拌即可。

材料（4人份）
白芝麻酱…100 毫升
白芝麻…1 大勺
白砂糖…1 大勺
酱油…3 大勺
醋…2 小勺
味噌…1 小勺
盐…1 小撮
水（或海带鲣鱼高汤）…4 大勺

制作方法
将材料充分混合。

推荐搭配
可搭配牛肉、猪肉涮锅或日式汤豆腐食用，还可做调味汁的底料或浇在冷豆腐上食用。

柚子胡椒酱

柚子的香味与胡椒的辛辣相互交融，散发着成熟的味道。

保质期
冷藏约 2 周

材料（4人份）
味醂…100 毫升
味噌…2 大勺
柚子胡椒…1/3 小勺

制作方法
向小锅内倒入味醂，煮沸后熄火，放入剩余材料，搅拌均匀。

推荐搭配
水煮鸡肉锅、常夜火锅（注：将猪肉、菠菜等在汤汁中快速捞涮后蘸醋酱油吃的日式火锅，其名意为每晚吃也不会腻）、猪肉及牛肉涮锅、河豚什锦火锅等，还可浇在炸豆腐上。

葱香柠檬调料汁

加入鱼露后的酱汁带着地域特色风味。柠檬带着淡淡酸味，十分清爽。

保质期
冷藏约 1 周

材料（4人份）
大葱末…10 厘米量
味醂…50 毫升
酱油…2 大勺
鱼露…1 大勺
水…50 毫升
柠檬汁…1 大勺

制作方法
将大葱、味醂、酱油、鱼露、50毫升水放入小锅内，煮沸后熄火，加入柠檬汁。

推荐搭配
地域风味火锅、水煮鸡肉锅、海鲜涮锅、豆腐汤锅等，还可浇在嫩煎肉排上或作烤肉调料汁用。

其他煮物调料汁

土豆炖肉调料汁➡P.12　干烧鱼汤汁➡P.13　筑前煮调料汁➡P.16　炖萝卜干调料汁➡P.17　日式东坡肉调料汁➡P.18　肉豆腐汤汁➡P.18　鰤鱼炖萝卜调料汁➡P.18　梅子沙丁鱼汤汁➡P.18　日式萝卜泥汤汁➡P.19　日式牛肉时雨煮汤汁➡P.19　炖南瓜调味汁➡P.19　青菜炖炸物汤汁➡P.20　日式煮羊栖菜汤汁➡P.20　肉末炖土豆汤汁➡P.43　味噌青花鱼汤汁➡P.44　炖杂碎调料汁➡P.45　猪肉酱汤汤汁➡P.45

鸡蛋料理调味料

虽然不能预先做好，但是只要掌握好煎蛋及日式茶碗蒸的配方就会十分便利。
下面将为大家介绍各种鸡蛋料理的配方与做法。

厚蛋烧蛋液

在鸡蛋中加入白糖与生抽，香甜的风味与便当十分相配。

材料（2人份）
鸡蛋…3个
白砂糖…1大勺
生抽…1小勺

制作方法
将鸡蛋打入碗中，打散，加入白砂糖、生抽，均匀搅拌。

美食小课堂

厚蛋烧的基础制作方法

材料（2人份）
厚蛋烧蛋液…整份
色拉油…适量

1 中火加热煎蛋器（或小平底锅），多倒些色拉油铺满锅底。倒去多余的油，并用纸巾擦拭。

2 将1/3的蛋液倒入锅内摊开，煎至鸡蛋周围凝固、表面呈半熟状后，向前卷。

3 用纸巾拭去煎蛋器多余的油分，将卷好的蛋卷挪至锅的一侧，倒入剩下蛋液的一半，把煎好的蛋卷稍微抬起，使蛋液往下流。待蛋液周围凝固，表面变成半熟状，把卷好的部分作为芯，继续向前卷。倒入剩余蛋液，重复上述步骤。最后将整个蛋卷煎熟，盛出，切成适口大小。

高汤煎蛋卷蛋液

鸡蛋加入高汤后，口感松软绵滑。蛋卷带着淡淡甜味。

材料（2人份）
鸡蛋…3个
高汤…4大勺
味醂…1小勺
酱油…1小勺
盐…1小撮

制作方法
将鸡蛋打入碗中，打散，加入剩余的食材，均匀搅拌。

美食小课堂

高汤煎蛋卷的基础制作方法

材料（2人份）
高汤煎蛋卷蛋液…整份
色拉油…适量

按照上述厚蛋烧的基本制作要领，在煎蛋器（或小平底锅）内涂上一层色拉油。1/3的蛋液倒入锅内摊开，向前卷。再涂一层色拉油，将卷好的蛋卷挪至锅的一侧，分两次倒入剩余的蛋液，把卷好的部分作为芯，向前卷。煎熟后盛出，切成适口大小。

日式茶碗蒸蛋液

为使蒸出的蛋羹黄黄嫩嫩，推荐使用生抽。

材料（3人份）

鸡蛋…2个
高汤…300毫升
生抽…2小勺
味醂…1小勺
盐…1小撮

制作方法

将材料充分混合。
若喜欢口感较嫩的蛋羹，可将鸡蛋打散后用滤网过滤。

推荐搭配

可搭配鸡腿肉、鸡胸肉、虾、鱼糕及白果等，也可以搭配鲜蘑菇、口蘑或干香菇。此外，不加任何配菜的茶碗蒸也十分美味。夏天可以放置冷却后食用，也可以浇上米饭食用。

美食小课堂

日式茶碗蒸的基础制作方法

材料（3人份）

去骨鸡腿肉…60克　鱼糕…3片　水煮白果（罐装）…6粒　鲜香菇…1朵　日式茶碗蒸蛋液…整份

1 将鸡肉切成3等份，香菇切薄片。
2 将鸡肉、鱼糕、白果、香菇各分成3等份，放入耐热容器中，分别倒入蛋液。
3 将步骤**2**的材料摆放在冒蒸汽的蒸笼中，小火蒸约20分钟。煮好后，根据个人喜好，可搭配鸭儿芹。

小贴士

蒸笼冒蒸汽后再放入盛有蛋液的碗。用干毛巾包好锅盖，可防止锅盖滴水。

美食小百科

没有蒸笼时的蒸蛋小技巧

即使没有蒸笼，也可以用较深的平底锅或炖锅代替。要选择比平底锅深度稍低的蒸碗。在平底锅底部铺上湿毛巾，放入盛有蛋液的容器，倒入2厘米高的热水。盖上锅盖（与左侧步骤相同，用干布包好），小火蒸约20分钟。

复合调味醋、拌酱

只需预先调制好复合调味醋及拌酱，各种副菜手到擒来。
调味多种多样，让你的餐桌丰富起来。

土佐醋

保质期
冷藏约 1 周

醋中带着木鱼花的鲜美，酸味柔和。

材料（易于制作的分量）
醋…150 毫升
海带…5 厘米
木鱼花…5 克
水…100 毫升
生抽…2 大勺
白砂糖…2 大勺

制作方法
1 用湿布擦拭海带。放入小锅内，加100毫升水，静置泡软。
2 将剩余的材料放入锅内加热，煮沸后熄火，放置使其冷却。

推荐搭配
可用于鳗鱼拌甜醋黄瓜等。可将黄瓜、鱼、芜菁、胡萝卜，烫过的西红柿等切成小块，用盐抓匀，再添加调味醋。

芝麻醋

保质期
冷藏约 1 周

将研磨好的芝麻放入土佐醋中，芝麻的淡香与和食完美搭配。

材料（易于制作的分量）
土佐醋（详见左侧）…4 大勺
白芝麻…1 大勺

*白芝麻也可用研磨好的白芝麻代替，不需再使用研钵研磨。

制作方法
将白芝麻放入平底锅内炒制，炒好后放入研钵中研磨。倒入土佐醋，均匀搅拌。

推荐搭配
可用于拌菜。可将黄瓜、芜菁等蔬菜切成小块，用盐抓匀，再添加调味醋。

绿醋

保质期
冷藏三四天

将黄瓜泥与土佐醋充分混合，制成绿色的复合调味醋，颜色十分好看。

材料（易于制作的分量）
土佐醋（详见上方）…4 大勺
黄瓜…1 根

制作方法
黄瓜磨泥，倒入土佐醋，搅拌均匀。

推荐搭配
可用于凉拌裙带菜等海藻，还可与鱿鱼、墨鱼、章鱼及青鱼等刺身相搭配。

醋味噌

保质期
冷藏约 2 周

使用的味噌不同，味道也会不同。酸甜适中，口味恰到好处。

材料（易于制作的分量）
味噌…50 克
醋…1.5 大勺
味醂…1 大勺
白砂糖…1/2 大勺

制作方法
将味噌、醋、味醂、白砂糖放入小锅内，小火加热，一边煮一边搅拌至酱汁细腻顺滑，熄火。

推荐搭配
可用于凉拌青菜、龙须菜、西蓝花（焯熟）、海鲜及魔芋等，还可做胡萝卜、黄瓜等棒状蔬菜的蘸酱。

复合醋的基础配方 若酸味过重，可减少醋的用量，边尝味边放入盐和糖。

	配方	推荐搭配	保质期
酱油复合醋	醋3：酱油2~3	可用于腌制墨鱼、蛤蜊等海鲜及裙带菜等海藻、蔬菜	冷藏约 2 周
三杯醋	醋2：味醂2：酱油1	十分适合腌制海鲜、海藻及蔬菜	冷藏约 2 周
甜醋	醋3：白砂糖1：盐0.1	可与萝卜、芜菁、胡萝卜、生姜及野姜相搭配	冷藏约 2 周

芝麻拌菜酱

保质期
冷藏约 2 周

将芝麻酱与研磨好的芝麻相混合，制作出香浓爽滑的拌酱。

材料（易于制作的分量）
白芝麻酱…50 克
研磨白芝麻…3 大勺
生抽…2 大勺
白砂糖…2 小勺

制作方法
将材料充分混合。

推荐搭配
可与焯熟的青菜、龙须菜、西蓝花等相搭配。

可用于制作凉拌白酱！
将50克嫩豆腐充分沥干水分，加入2大勺芝麻拌酱，充分混合后即可做成2人份的凉拌白酱。可用于凉拌自己喜欢的青菜（焯熟）。

核桃味噌酱

保质期
冷藏约 2 周

炒制后的核桃味道更香，与浓浓味噌相融合，摇身一变，成为口味丰富的拌酱！

材料（易于制作的分量）
核桃…50 克
味噌…50 克
味醂…1 大勺
酒…1 大勺
酱油…1 小勺
白砂糖…2 大勺

制作方法
1 向平底锅内放入核桃，炒制片刻。炒好后放入研钵中，碾成粗末。
2 将味醂、酒、酱油倒入小锅内加热，煮沸。
3 向步骤1的锅内加入味噌、白砂糖，均匀搅拌。缓缓倒入步骤2的材料，搅拌至表面光滑。

推荐搭配
可与蒸好的芋头、年糕等搭配食用，还可以做棒状蔬菜的蘸酱。

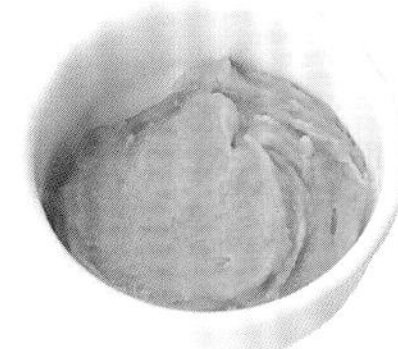

黄酱

保质期
冷藏约 2 周

一边加热，一边搅拌，使味噌与调味料充分混合。加入了蛋黄后，味道香醇柔和。

材料（易于制作的分量）
白味噌…100 克
味醂…1 大勺
酒…2 大勺
蛋黄…1 个

制作方法
1 向小锅内倒入味醂和酒，煮沸后熄火。
2 加入味噌，小火加热，用木铲搅拌至黏稠。放入蛋黄，煮约10分钟，边煮边搅拌。

推荐搭配
可与田乐酱炸豆腐、厚豆腐、茄子等相搭配。同时，推荐与蒸熟的根菜类蔬菜及菜花等搭配食用。

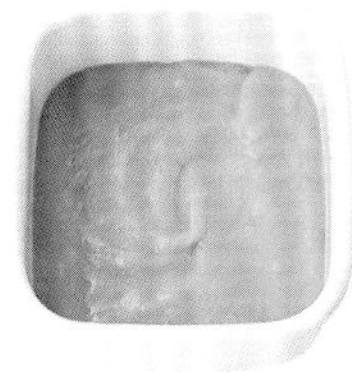

凉拌酱

保质期
冷藏约 2 周

用香甜的白味噌来制作醋味噌，与海鲜十分相配。解决特殊食材调味难题，味道实属上乘。

材料（易于制作的分量）
白味噌…100 克
醋…3 大勺
白砂糖…2 大勺
盐…1 小撮
辣椒酱…1 小勺

制作方法
将白味噌、醋、白砂糖、盐放入小锅内，小火加热，用木铲搅拌至表面光滑。熄火，加入辣椒酱，搅拌均匀。

推荐搭配
代表性搭配有凉拌冬葱墨鱼。此外，还推荐与焯熟的青菜加蛤子、蛤蜊加海藻等组合搭配。

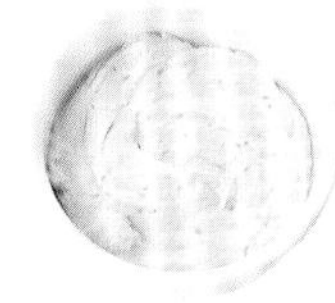

奶酪味噌酱

保质期
冷藏约 1 周

酸味柔和的脱脂奶酪配上香浓的蛋黄酱与芝麻，满满西式风情。

材料（易于制作的分量）
脱脂奶酪…50 克
白味噌…50 克
蛋黄酱…1.5 大勺
白芝麻…2 小勺

制作方法
将过滤后的脱脂奶酪与其他材料充分混合。

推荐搭配
可与焯熟的西蓝花等温热的蔬菜相搭配，还可与萝卜、黄瓜等棒状蔬菜及菊苣搭配食用。

日式渍物腌渍调料汁

准备好腌渍调料汁后，只需放入蔬菜腌渍即可。
腌制时，使用保鲜袋可使食材快速入味，收拾起来也十分方便。

基础浅渍调料汁

保质期
冷藏约 1 周

海带与辣椒增添了几分辛辣。食醋使食材更有弹性，更加酸爽。

材料（易于制作的分量）

盐…1.5 小勺
水…200 毫升
红辣椒…1 个
海带…3 厘米
醋…2 小勺

制作方法

将材料充分混合。

＊配料表中的分量可腌制200克的蔬菜，腌制2天后即可食用。腌制状态下的食材冷藏可保存约5天。

小贴士 腌制时，可使用保鲜袋。由于食材浸泡于腌渍汁中，可快速入味。挤出多余空气，封上袋子放入冰箱冷藏。

推荐搭配

黄瓜、茄子、萝卜、芜菁、西芹等。

芥末腌渍调料汁

保质期
冷藏约 1 周

芥末粉强烈的辣味让人欲罢不能，让人忍不住伸出筷子。

材料（易于制作的分量）

醋…100 毫升
芥末粉…2 小勺
盐…2 小勺
白砂糖…2 小勺

制作方法

将材料充分混合。

＊配料表中的分量可腌制200克的蔬菜。将腌渍汁与蔬菜一起放入保鲜袋内，封上袋口，放入冰箱冷藏半天到一晚。腌制状态下的食材可保存约5天。

推荐搭配

推荐搭配包菜（切成随意大小），此外，还可与茄子、黄瓜、芜菁等相搭配。

薤白腌渍调料汁

保质期
冷藏约
1 个月

将初夏的时令蔬菜薤白放入甜醋中腌制。由于不放盐，十分符合大众口味。

材料（易于制作的分量）

醋…400 毫升
水…200 毫升
白砂糖…200 克
盐…1 小勺
去子红辣椒…2 个

制作方法

将所有材料放入小锅内加热。煮沸后熄火。

＊配料表中的分量可腌制约1千克的薤白。薤白洗净去皮，剪掉根须和茎尖，与腌渍汁一起放入保鲜袋，1个月后即可食用。薤白在腌制状态下，常温可保存约1年。

什锦酱菜腌渍调料汁

保质期
冷藏约 2 周

经常拌咖喱饭一起吃。由于使用了红紫苏粉，酱汁带有紫苏的独特风味。

材料（易于制作的分量）

酱油…4 大勺
白砂糖…4 大勺
醋…4 大勺
酒…2 大勺
生姜末…1 块量
红紫苏粉…1 小勺

制作方法

将所有的材料放入小锅内，开火，煮沸后熄火。

＊用这个分量可腌制约200克根菜。将其煮好后和酱汁一起放入保鲜袋，封上袋口，冷藏半天到一晚。腌制状态下冷藏可保存约1周。

推荐搭配

切成薄片的莲藕、牛蒡、胡萝卜、萝卜等。

辣白菜腌渍调料汁

保质期
冷藏约 1 周

微辣的中华风味糖醋腌菜。酸甜可口，味道醇厚。

材料（易于制作的分量）

醋…70 毫升
白砂糖…2 小勺
盐…1.5 小勺
生姜丝…1 块量
红辣椒段…1 小撮
芝麻油…1 小勺

制作方法

将材料充分混合。

＊用这个分量可腌制约200克蔬菜。将酱汁和蔬菜一起放入保鲜袋中，打开袋口在冷藏室放置半天至一晚。腌制状态下冷藏可保存三四天。

推荐搭配

推荐搭配切成1厘米宽的白菜丝，或圆白菜、黄瓜等。

日式松前渍调料汁

酱油的甜味很浓。煮沸后可使酒精挥发，白砂糖化开。

保质期
冷藏约 2 周

材料（易于制作的分量）

酒…50 毫升
味醂…50 毫升
酱油…50 毫升
水…50 毫升
白砂糖…2 大勺

制作方法

将所有的材料放入小锅内用火加热，煮沸后熄火。

美食小课堂

松前渍的基础制作方法

材料（易于制作的分量）

干海带丝…15 克
干鱿鱼…25 克
胡萝卜…50 克
日式松前渍调料汁…半份

＊放入干青鱼子时，用盐水浸一下，去盐后切成适口大小。
＊三天后可以食用。腌制状态下冷藏可保存约1周。

1 将鱿鱼用剪刀剪成细丝，和海带丝一起清洗，然后去除水分。将胡萝卜切成细丝。
2 把步骤1的食材和调料汁存入保鲜袋后放入冰箱，时不时上下翻动，效果更好。

香味绝佳的酱油

在酱油中加入大量含特殊香味的蔬菜，味道会更加浓郁，使用起来很方便。只需要浇上一点，就可以品尝到浓郁的味道。

* 建议将香味酱油至少放置1天以上，待香味融入到酱油中后再食用。

韭香酱油

在酱汁中加入香味浓厚的韭菜，再加上辣椒，使味道更加浓郁。

材料（易于制作的分量）

韭菜段…20克
红辣椒…1个
酱油…100毫升
味醂…2小勺

制作方法

将材料充分混合。

推荐搭配

可以做蒸鸡肉和煮猪肉的作料汁。涂在饭团上烤制，或者搭配鸡蛋杂烩粥。作为炒菜、炒饭的调味料，并与蛋黄酱混合进行调味。

香味酱油的使用方法

凉拌豆腐

如果浇在清淡的凉拌豆腐、猪肉涮锅和新鲜蔬菜上，就会变成一道味道鲜美、清爽的配菜。

烤鱼

浇在油腻的鱼、肉、油炸食品等食物的上面，吃起来恰到好处。搭配米饭和酒也很出众！

生鸡蛋盖饭

从热腾腾的米饭中散发出的蔬菜香味便可勾起食欲。可以在米饭上浇淋少许，和蛋黄搅拌均匀。

葱蒜酱油

葱、蒜、香油的香味相辅相成，味道绝佳。

保质期
冷藏约2个月

材料（易于制作的分量）

洋葱末…10厘米量
大蒜…1瓣
酱油…100毫升
芝麻油…1/2小勺

制作方法

将大蒜切成两半，与其余的材料充分混合。

推荐搭配

可作炖菜的调味料、用来腌制刺身，也可以加在挂面里。涂在饭团上烤制味道也很棒。

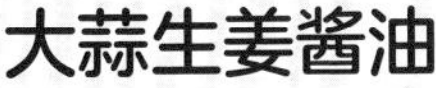

大蒜生姜酱油

用大蒜和生姜这两种带有特殊香味的蔬菜来提香。

保质期
冷藏约2个月

材料（易于制作的分量）

大蒜末…1瓣量
生姜末…1块量
酱油…100毫升

制作方法

将材料充分混合。

推荐搭配

不仅可以作为炒菜的调味料，还可作鸡肉和猪肉的酱汁。此外，可以和黄油一起拌意大利面，或者浇在莲藕、萝卜等蔬菜牛排上。

蒜香紫苏酱油

把大蒜稍微搅拌一下，在令人耳目一新的味道上添加浓郁的酱油香味。

保质期
冷藏约2个月

材料（易于制作的分量）

青紫苏末…5片量
大蒜…1瓣
酱油…100毫升

制作方法

将大蒜切成两半，与其余的材料充分混合。

推荐搭配

加在油炸食品的冷渍酱汁里。还可以浇在刺身、炸肉、蒸菜和肉上，或加在烤饭团和鸡蛋杂烩粥里。

葱香酱油

青葱比洋葱还要辣。为了让香味更浓，把青葱磨碎后加进去。

保质期
冷藏约2个月

材料（易于制作的分量）

冬葱泥…2根量
酱油…100毫升
味醂…2勺

制作方法

将材料充分混合。

＊如果没有冬葱的话，也可以用1小勺洋葱泥来代替。

推荐搭配

淋在煎肉、煎鱼贝类、炸厚豆腐和铁板豆腐上，也可以和油混合做成调味汁。

日式盖饭调料汁

下面为大家介绍制作简单、食用方便的人气日式盖饭。
其中，有很多十分百搭、用途多样的日式盖饭酱汁，快快学起来吧！

牛肉盖饭调料汁

蜂蜜香浓的甜味是美味的关键。生姜起到提味作用。

保质期
冷藏约 2 周

材料（4人份）
酱油…4 大勺
味醂…2 大勺
白葡萄酒…2 大勺
蜂蜜…1 大勺
胡椒…少许
生姜汁…1/2 大勺

制作方法
将酱油、味醂、白葡萄酒、蜂蜜放入小锅内，开火，煮沸后熄火，加入胡椒、生姜汁。

美食小课堂

牛肉盖饭的基础制作方法

材料（2人份）
米饭…2 碗
牛肉块…150 克
洋葱…1/2 个
水…100 毫升
牛肉盖饭调料汁…半份
红姜丝…适量

1 洋葱切成薄片。
2 将调料汁和100毫升水倒入平底锅内，中火加热，煮沸后放入牛肉、洋葱，一边撇去浮沫，一边煮至汤汁减少。
3 将米饭盛入碗中，再放上步骤**2**的材料，搭配红姜丝。

猪肉盖饭调料汁

保质期
冷藏约 2 周

香甜的酱油味与猪肉十分相配，令人食欲大增。

材料（4人份）
酱油…4 大勺
味醂…2 大勺
白砂糖…3 大勺
水…3 大勺

制作方法
将材料充分混合。

美食小课堂

按照牛肉盖饭的基础制作要领（详见右上方），用10片猪肉薄片（200克）代替150克牛肉，将调料汁与水混合，与洋葱一起煮制，浇到米饭上即可。

天妇罗盖饭调料汁

保质期

冷藏约 2 周

为使天妇罗裹上满满酱汁，煮至稍稍黏稠是关键。

材料（4人份）

酱油…3 大勺

味醂…2 大勺

白砂糖…1 大勺

高汤…1.5 大勺

制作方法

将所有材料放入小锅内，中火加热。煮3~5分钟，至酱汁稍稍黏稠后熄火。

美食小课堂

天妇罗盖饭的基础制作方法

材料（2人份）

米饭…2 碗　虾…4 只　茄子纵切片…2 片　莲藕片…2 片　鱼糕片…2 片　面粉…60 克　鸡蛋…1/2 个　凉开水、炸制用油…各适量　天妇罗盖饭调料汁…半份

1 虾去掉虾线、虾头，剥壳。剪掉虾尾的尖部，捋去水分，在虾腹划上4刀，将其捋直。

2 将打好的蛋液倒入量杯，加入凉开水至100毫升刻度线处，放入面粉拌匀。

3 将步骤**1**的虾浸入步骤**2**的液体中，在170℃的油温下炸制，其他食材做法相同。

4 盛好米饭，放上步骤**3**的材料，浇上调料汁。

日式酱油盖饭调料汁

保质期

冷藏约 2 周

用酱汁腌制过后，便宜实惠的金枪鱼也能变身极品美味，还可腌渍三文鱼及鲣鱼刺身。

材料（4人份）

酱油…4 大勺

味醂…1 大勺

酒…2 大勺

制作方法

将味醂、酒倒入小锅内加热，煮沸后熄火，倒入酱油放置冷却。

美食小课堂

金枪鱼酱油盖饭的基础制作方法

材料（2人份）

米饭…2 碗　金枪鱼的红色部分…1 片（150 克）　日式酱油盖饭调料汁…半份　绿紫苏…5 片

1 将金枪鱼削成薄片，放入调料汁腌制，冷藏约2小时。

2 往碗里盛上米饭，撒上青紫苏丝。

其他日式盖饭调料汁　鸡肉鸡蛋盖饭汤汁➡P.14

寿司醋

只需将备好的调料混合即可完成，超级简单。作为万能调味汁之一，不仅可用于制作寿司，还可用于制作各种料理，十分百搭。

万能寿司醋

保质期
冷藏约 1 周

清爽的酸味和适中的甘甜是其最大的特点。只需和热腾腾的米饭充分混合，一碗香喷喷的寿司饭就做好了。

材料（4杯米的分量）
醋…150 毫升
砂糖…3 大勺
盐…2 小勺

制作方法
将所有材料充分混合。

推荐搭配
可用于制作散寿司饭、油炸豆腐寿司等，不仅适用于用醋的料理，还可做番茄沙拉调味用或作为腌泡汁使用。

美食小课堂

寿司饭的基础制作方法

材料（二三人份）
热米饭…2 碗
万能寿司醋…半份

将蒸好的米饭放入容器中，加入寿司醋（如图ⓐ），充分搅拌至所有米饭都包裹上寿司醋（如图ⓑ），然后常温放凉。

ⓐ

ⓑ

＊若不立即食用的话，请在容器上盖一块湿布。

美食小课堂

散寿司饭的基础制作方法

材料（二三人份）
寿司饭…左述整份　水煮虾…10 只　盐渍鲑鱼子…适量　鸡蛋…1 个　盐…1 小撮　色拉油…少许　荷兰豆…10 个

1 向容器中放入鸡蛋打散，加入盐搅拌均匀，用过滤网过滤。向平底锅内加入色拉油，放入蛋液，制作成薄薄的鸡蛋饼，然后将鸡蛋饼切成细丝。
2 荷兰豆用水焯熟，然后切斜刀。
3 向容器中放入寿司饭以及备好的鸡蛋和荷兰豆、虾、盐渍鲑鱼子充分打散，根据个人喜好还可添加腌生姜的甜醋腌渍汁。

美食小课堂

油炸豆腐寿司的基础制作方法

材料（8个寿司的分量）
寿司饭…上述整份　油炸豆腐…4 个　油炸豆腐汤汁…半份

1 将油炸豆腐对半切开，使其成袋状。浸热水去除多余油脂，捞出备用。
2 锅内放入汤汁，放入备好的油豆腐，盖上锅盖炖煮，炖至煮汤变少时即可熄火放凉。
3 向煮好的油豆腐中放入寿司饭，然后封口。

油炸豆腐汤汁

材料（8个寿司的分量）
高汤…400 毫升　酱油…3 大勺　酒…3 大勺　白砂糖…3 大勺　味醂…3 大勺

制作方法
将所有材料混合后搅拌均匀。

酱料、酱汁使用的基础调味料

制作酱料、酱汁不可或缺的调味料有盐、酱油、砂糖、醋、酒、味醂、油。下面来一起认识一下它们的作用吧。

盐

盐分为食盐和粗盐两种。氯化钠成分纯度高于99%的为食盐，精制盐比食盐颗粒更细，水分更少，所以是一种很干爽的盐。粗盐也叫作自然盐或者天然盐，颗粒的大小和水分含量与食盐不同，较食盐湿润而味道更加醇和，富含矿物质，味道更加鲜美。

酱油

平常说的酱油通常指的是老抽，适用于所有料理。因为口感浓厚，非常适合用干烤制、炒菜等做出料理的焦黄感觉。生抽比老抽颜色要浅一些，味道也淡一点，所以适合用于加热类料理。因为生抽是为了使食材充分上色并发挥其特有味道，所以盐分比老抽更多一些。

砂糖

纯度不同的砂糖，其颜色形状风味也不同。纯度由高到低为精制砂糖、绵白砂糖、黄砂糖、红糖等。本书中提到的“砂糖”指的是绵白砂糖。绵白砂糖的特点为色白、易溶解。黄砂糖颜色为黄褐色，味甜是其特有的特点。精制砂糖则干爽清甜。

醋

根据制作原材料不同，醋可以分为很多种。谷物醋是用大米、小麦粉、玉米等谷物制作而成的。因其贸易特殊要求，应用范围广泛。米醋以米为原料制成。寿司醋是在醋中加入海带高汤、砂糖、盐制作而成。黑醋以糙米、小麦为原料，酸味温和且浓郁。以水果为原料的果醋，风味和口感一级棒，例如清爽的苹果醋，红葡萄酒发酵制作而成的西洋醋，葡萄果汁加上西洋醋使之发酵而成的意大利芳香醋等。

酒

本书菜谱上使用的酒指的是日本酒。酒不仅能使菜肴更有风味，还能使食材更加柔软，也能缓和食材原有的味道。如果是不进行加热的料理或者在意酒精味道的话，可以利用蒸馏法挥发掉酒精（蒸馏法见P.80）后再使用。此外，书中所说的料酒其实是向普通清酒中加入盐制作而成的。本书在制作酱料、酱汁时，还使用了葡萄酒、白兰地、绍兴酒等。

味醂

这是使用烧酒等的酒精和糯米成熟后酿造而成的一种酒。做菜时，加上味醂更能给料理添加甘甜香味，同时加热后能给料理做出照烧的效果，还能很好地去除鱼、肉的肉腥味。因其能够增加食物的香味，所以常用来提味。纯味醂的酒精浓度约为14%，而味醂风味调味料的酒精浓度不足1%，且富含盐分、味精等多种成分，和本味醂味道相近，可以以较低的价格入手。

油

根据原料不同，其风味和特点也有不同。色拉油是在菜籽油中混入大豆油和玉米油后制成的，不会有特殊味道，加热后即可食用。橄榄油是从橄榄果榨取的油，其魅力在于香气浓郁。芝麻油是由芝麻籽榨取的油。葡萄籽油是从葡萄籽中提取的油，整体呈绿色且口感爽滑。

其他小菜酱料、调料汁

炒菜、油炸物酱料、调味汁

金平牛蒡调料汁➡P.13　鸡肉松调料汁➡P.20
天妇罗蘸汁➡P.21　味噌炒菜酱➡P.41

拌饭酱

什锦焖饭调料汁➡P.15

面酱、调味汁

蘸汁和浇汁➡P.21　炒乌冬面调料汁➡P.21　咖喱乌冬面汁➡P.57

中式及各地域风味美食调味料

只需使用十分常见的调味料，就能制作出中式、韩式、越南、印度风味的酱汁。
只要家中常备这些酱汁，随时都能轻松调出正宗好味道。

中式料理调料汁、复合调味料

调味料种类繁多，调制起来十分费时。因此，预先调制好酱汁，
既省时又方便！

保质期
冷藏约 5 天

麻婆酱复合调味料

使用家中现成的食材即可轻松制作完成。辣度适中，孩子也能吃。

材料（4人份）
猪肉末…300 克
大葱末…1/2 根量
生姜末…1 块量
大蒜末…1 瓣量
豆瓣酱…1 小勺
芝麻油…1 小勺
Ⓐ
蚝油…1 大勺
味噌…1 大勺
酒…3 大勺
白砂糖…1 小勺
酱油…1 小勺
水…200 毫升
鸡精…1 小勺
花椒粉…1/4 小勺
盐、胡椒…各少许

推荐搭配

茄子、白菜、圆白菜、萝卜等，还可用于制作麻婆粉丝、炸酱面肉酱等。

制作方法
1 将材料Ⓐ充分混合。
2 向平底锅内倒入芝麻油，中火加热，加入大葱、生姜、大蒜、豆瓣酱炒香，放入肉末，炒至变色。
3 放入步骤1的材料，煮约3分钟，熄火。

小贴士

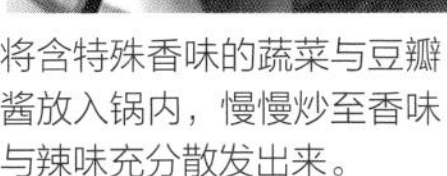

将含特殊香味的蔬菜与豆瓣酱放入锅内，慢慢炒至香味与辣味充分散发出来。

肉末炒散至变色后再倒入材料Ⓐ，这样可去除肉中的腥味。

美味多种多样

豆瓣酱的辣味在口中蔓延，经典正宗。
一定要放几粒香香麻麻的花椒。

正宗麻婆酱复合调味料

保质期
冷藏约 5 天

材料（4人份）
猪肉末…300 克
芝麻油…1 大勺
Ⓐ
大葱末…1/2 根量
生姜末…1 块量
大蒜末…1 瓣量
豆豉末…1 小勺
豆瓣酱…1 大勺
红辣椒段…1 小撮
Ⓑ
甜面酱…2 大勺
绍兴酒…2 大勺
酱油…1 小勺
白砂糖…1/2 小勺
鸡精…1 小勺
水…200 毫升
花椒粒…1 小勺
辣椒油…1 小勺

* 由于是整粒的花椒，容易卡在嘴里，因此最好事先用擀面杖等将其捣碎。

制作方法
1 将材料Ⓑ充分混合。
2 向平底锅内倒入芝麻油，中火加热，加入材料Ⓐ炒香后放入肉末，炒至变色。
3 加入步骤1的材料，煮约3分钟，熄火，放入花椒和辣椒油。

* 推荐搭配的食材与上述麻婆酱复合调味料相同。

美食小课堂

麻婆豆腐的基础制作方法

材料（2人份）
北豆腐…1 块　淀粉…2 小勺　麻婆酱复合调味料…半份

1 将豆腐沥干水分，切成1.5厘米见方的块。
2 向平底锅内放入步骤1的豆腐，加入复合调味料。稍煮片刻后，沿锅边一圈倒入用2小勺水稀释好的水淀粉，使汤汁浓稠。根据个人喜好，可撒上香葱末。

甜辣酱复合调味料

保质期
冷藏约 3 天

酸甜中带着一丝辣意。让蔬菜在油里尽情翻滚，充分释放其特有的香味。

材料（4人份）

Ⓐ
- 大葱末…1/2 根量
- 大蒜末…1 瓣量
- 生姜末…1 块量
- 豆瓣酱…1 小勺

芝麻油…1 大勺

Ⓑ
- 番茄酱…4 大勺
- 酱油…1 小勺
- 白砂糖…1 小勺
- 绍兴酒…2 大勺
- 鸡精…1 小勺
- 水…50 毫升

制作方法

1 将材料Ⓑ充分混合。

2 向平底锅内倒入芝麻油，中火加热，放入材料Ⓐ炒香。

3 放入步骤1的材料，煮沸后熄火。

推荐搭配

除虾外，还可与墨鱼、白肉鱼、鸡肉、炸厚豆腐、土豆、白菜等搭配。

美食小课堂

甜辣虾仁的基础制作方法

材料（2人份）

虾（黑虎虾等）…10 只　淀粉、炸制用油…各适量　甜辣酱复合调味料…半份

1 虾去头剥壳，在虾背划一刀，取出虾线。抹上淀粉抓匀，洗净沥干。

2 在步骤1的虾表面薄薄抹上一层淀粉，在170℃的油温下炸制，沥去多余的油分。

3 向平底锅内放入复合调味料，稍煮片刻后放入步骤2的虾，继续煮至入味。

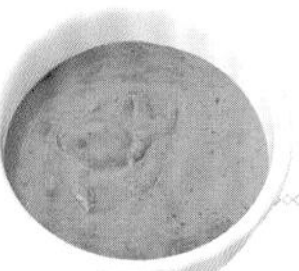

虾仁蛋黄酱

保质期
冷藏约 1 周

由于以蛋黄酱作底料，辛辣中带着醇厚，香浓满分！

材料（4人份）

- 蛋黄酱…3 大勺
- 炼乳…2 小勺
- 番茄酱…2 小勺
- 芝麻油…1 小勺
- 柠檬汁…1 小勺
- 豆瓣酱…1 小勺
- 盐、胡椒…各少许

制作方法

将材料充分混合。

推荐搭配

除虾外，还可与旗鱼、鸡肉、炸厚豆腐搭配食用，还可将土豆与牛油果混合在一起后，佐以该酱料提味。

美食小课堂

蛋黄酱虾仁的基础制作方法

材料（2人份）

虾（黑虎虾等）…10 只　淀粉、炸制用油…各适量　虾仁蛋黄酱…半份

1 虾去头剥壳，在虾背划一刀，取出虾线。抹上淀粉抓匀，洗净沥干。

2 在步骤1的虾表面薄薄抹上一层淀粉，在170℃的油温下炸制，沥去多余的油分。

3 将虾仁蛋黄酱倒入步骤2的虾中，拌匀。条件允许的情况下，可以在盘中铺上生菜，盛上虾仁。

美食小百科

炼乳

炼乳是一种甜味牛奶制品，在鲜奶中加糖煮至浓缩而成。用炼乳制作而成的虾仁蛋黄酱口感醇厚，味道香甜浓郁。

甜面酱复合调味料

保质期
冷藏约 1 周

炒制过后的甜面酱酱香更加浓郁。
多了这一步工序，味道整体提升不止一个档次。

材料（4人份）

Ⓐ
- 甜面酱…1 大勺
- 酱油…2 小勺
- 糖…2 小勺
- 酒…2 大勺
- 盐、胡椒…各少许

芝麻油…2 小勺
大蒜泥…1 瓣量
豆瓣酱…1 小勺

制作方法

1 将材料Ⓐ充分混合。
2 向平底锅内倒入芝麻油、大蒜及豆瓣酱，小火加热，炒香。加入步骤1的材料并搅拌均匀，熄火。

推荐搭配

猪肉、鸡肉、虾、墨鱼等肉类与海鲜，还可搭配圆白菜、青椒、白菜、茄子、香菇等蔬菜。

美食小课堂

回锅肉的基础制作方法

材料（2人份）
五花肉薄片…160 克
圆白菜…200 克
青椒…2 个
大葱…1/3 根
芝麻油…1 小勺
甜面酱复合调味料…半份

1 猪肉切成适口大小。圆白菜切大片，青椒随意切成适口大小，大葱切长段。
2 向平底锅内倒入芝麻油，中火加热，依次放入猪肉、大葱、圆白菜、青椒翻炒。加入复合调味料，继续翻炒。

美食小百科

甜面酱

甜面酱是中国代表性甜酱，是一种在面粉中加入酒曲制作而成的酱料。炒菜时添加少许甜面酱，可使味道更加浓郁。

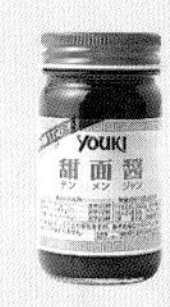

蚝油复合调味料

保质期
冷藏约 1 周

味道浓郁的蚝油复合调味料是调味的好帮手。
烹饪时添加少许，味道格外香浓。

材料（4人份）

Ⓐ
- 蚝油…1.5 大勺
- 酱油…1.5 大勺
- 酒…2 大勺
- 白砂糖…1 小勺
- 盐、胡椒…各少许

大蒜泥…1 瓣量
芝麻油…1 小勺

制作方法

1 将材料Ⓐ充分混合。
2 向平底锅内倒入芝麻油，放入大蒜，小火加热，炒香。加入步骤1的材料充分搅拌，熄火。

推荐搭配

可以搭配牛肉、猪肉、鸡肉、墨鱼、虾等肉类与海鲜，还可搭配青椒、红辣椒、香菇、圆白菜、土豆等蔬菜。

美食小课堂

青椒肉丝的基础制作方法

材料（2人份）
牛肉薄片…150 克　青椒…5 个　红青椒…1 个　竹笋…60 克　芝麻油…1 小勺　蚝油复合调味料…半份

1 牛肉、青椒、红青椒、竹笋分别切丝。
2 向平底锅内倒入芝麻油，中火加热，放入牛肉，炒至熟透，放入青椒、红青椒、煮好的竹笋，翻炒片刻。加入复合调味料，翻炒均匀。

蔬菜炒肉复合调味料

酱香中带着一丝香甜，十分下饭。
用“大蒜+芝麻油”做正宗中式风味。

保质期
冷藏约 1 周

材料（4人份）

Ⓐ
- 蚝油…1 小勺
- 酱油…3 大勺
- 酒…1 大勺
- 味醂…1 大勺
- 白砂糖…1 小勺
- 苹果醋…1 小勺
- 盐…1/4 小勺
- 胡椒…少许

芝麻油…1 小勺
大蒜泥…1 瓣量

制作方法

1 将材料Ⓐ充分混合。
2 向平底锅内倒入芝麻油，放入大蒜，小火加热，炒至出味。放入步骤1的材料，翻炒均匀，熄火。

推荐搭配

可用鸡肉、猪肉、牛肉、火腿、德国香肠、金枪鱼罐头与蔬菜搭配。

美食小课堂

蔬菜炒肉的基础制作方法

材料（2人份）
去骨鸡腿肉…200 克　白菜…100 克　洋葱…1/4 个　鲜香菇…2 朵　胡萝卜…20 克　荷兰豆…5 片　芝麻油…1 小勺　蔬菜炒肉复合调味料…半份

1 鸡肉切成适口大小；白菜切成斜片；洋葱和香菇切薄片；胡萝卜切成长方形的块，荷兰豆斜切成两半。
2 向平底锅内倒入芝麻油，中火加热，放入鸡肉，炒至熟透，放入洋葱、胡萝卜、白菜、香菇、荷兰豆翻炒。加入复合调味料，继续翻炒均匀。

芙蓉蟹糖醋芡汁

以十分百搭的酱油为底料的糖醋芡汁。再加入淀粉，味道浓郁，一举两得。

保质期
冷藏约 3 天

材料（4人份）

Ⓐ
- 鸡精…1 小勺
- 水…200 毫升
- 酱油…2 大勺
- 酒…4 大勺
- 醋…1 大勺
- 白砂糖…2 大勺
- 盐…1/2 小勺
- 胡椒…少许
- 芝麻油…1 小勺

淀粉…1 大勺
水…1 大勺

制作方法

将材料Ⓐ放入小锅内，中火加热。煮沸后，沿锅边一圈倒入用1大勺水稀释好的水淀粉，使酱汁浓稠。

推荐搭配

可用蟹棒、肉末、韭菜、香菇等制作芙蓉蟹。此外，还可用于制作天津盖饭或浇汁炒饭。

美食小课堂

芙蓉蟹的基础制作方法

材料（2人份）
鸡蛋…4 个　蟹肉肉末…60 克　冬葱…20 克
芝麻油…2 小勺　芙蓉蟹糖醋芡汁…半份

1 冬葱切成小段；鸡蛋打散。
2 向平底锅内倒入芝麻油，中火加热，依次加入冬葱、蟹肉、打好的蛋液。充分搅拌，一边弄成规则的饼状，一边煎制两面，盛盘。
3 将糖醋芡汁倒入小锅内，稍稍加热后，浇于步骤2的材料上。

黑醋咕咾肉糖醋芡汁

保质期
冷藏约 3 天

加入黑醋后，做出的咕咾肉味道醇厚，甜而不俗。条件允许的情况下，推荐使用白砂糖或红糖制作。

材料（4人份）

Ⓐ
- 黑醋…4 大勺
- 酱油…2 大勺
- 绍兴酒…3 大勺
- 白砂糖…2 大勺
- 鸡精…1 小勺
- 水…100 毫升
- 盐…1 小勺
- 胡椒…少许

芝麻油…2 小勺
大葱末…1/2 根量
生姜末…1 块量
淀粉…2 小勺
水…2 小勺

制作方法

1 将材料Ⓐ充分混合。
2 向平底锅内倒入芝麻油，放入大葱、生姜，小火加热，炒至出味。加入步骤1的材料，煮约3分钟，倒入用2小勺水稀释好的水淀粉，使酱汁浓稠。

推荐搭配

除咕咾鸡、肉丸、清炸青花鱼、炸厚豆腐外，还可浇于炒菜上。

美食小课堂

黑醋咕咾肉的基础制作方法

材料（2人份）
猪里脊肉…200 克　胡萝卜…20 克　洋葱…1/4 个　青椒…1 个　淀粉、炸制用油…各适量　黑醋咕咾肉糖醋芡汁…半份

1 猪肉切成适口大小，将表面划成格子状，再薄薄地涂上一层淀粉。胡萝卜切丁，洋葱和青椒切成1厘米见方的块。
2 在170℃的油温下炸制胡萝卜、洋葱、青椒，然后放入猪肉炸至酥脆。
3 将糖醋芡汁倒入平底锅内，稍稍加热后放入步骤2的材料，使酱汁均匀裹在表面。盛盘，条件允许的情况下，可用辣椒丝加以点缀。

美食小百科

绍兴酒

绍兴酒是一种用糯米为原料、经过3年酿造而成的中国酒。若用于烹饪，制作出的菜肴味道香甜浓郁。

油淋鸡调味汁

酱汁用大量含特殊香味的蔬菜制作而成，味道酸甜。浇于刚炸好的鸡肉上，美味诱人。

保质期
冷藏约 1 周

材料（4人份）
大葱末…1/3 根量
生姜末…1 块量
大蒜末…1 瓣量
醋…2 小勺
酱油…3.5 大勺
白砂糖…1.5 大勺
芝麻油…1.5 小勺

制作方法
将材料充分混合。

推荐搭配
可搭配猪肉、竹荚鱼、炸青鱼或水煮猪肉、水煮鸡肉、嫩煎肉排、嫩煎海鲜等食用。

美食小课堂

油淋鸡的基础制作方法

材料（2人份）
去骨鸡腿肉…1 只
面粉、炸制用油…各适量
油淋鸡调味汁…半份

1 在鸡肉表面薄薄涂上一层面粉。
2 在170℃的油温下，将鸡肉炸至酥脆，沥去多余的油分，切成适口大小。条件允许的情况下，可在盘中铺上生菜，盛出鸡肉，浇上调味汁。

棒棒鸡调味汁

口味清淡的清蒸鸡肉与清蒸蔬菜，摇身一变成为香浓满分的菜肴。中式料理必备芝麻酱汁。

保质期
冷藏约 1 周

材料（4人份）
白芝麻酱…2 大勺
鸡精…1 小勺
热水…5 大勺
大蒜末…1 瓣量
生姜末…1 块量
大葱末…1/4 根量
豆瓣酱…1 小勺
白砂糖…1/2 小勺
酱油…1 大勺
醋…1 小勺
盐、胡椒…各少许

制作方法
1 将鸡精用5大勺热水化开。
2 将所有材料充分混合。

推荐搭配
除清蒸鸡肉外，还可搭配水煮猪肉、涮猪肉、涮牛肉、水煮虾和清蒸芜菁、清蒸莲藕等清蒸蔬菜食用。

美食小课堂

棒棒鸡的基础制作方法

材料（2人份）
去骨鸡腿肉…1 只
大葱（葱绿）…1 根
酒…2 大勺
盐…少许
棒棒鸡调味汁…半份

1 将鸡肉放在耐热盘中，撒上酒、盐，放上大葱，盖上保鲜膜，用微波炉先加热6分钟。
2 将步骤1的鸡肉切成适口大小，盛入容器中，浇上调味汁。条件允许的情况下，可用黄瓜丝或切成薄片的番茄加以点缀。

自制辣椒油

辣椒油是中式料理中常用的调味料。自己亲手制作的辣椒油香味拔群，还可根据个人喜好调节辣度。保质期较长，可以尝试做做看。

保质期
冷藏约 1 个月

材料（4人份）

大葱末…3 厘米量
大蒜末…1 瓣量
芝麻油…100 毫升
色拉油…1 大勺
粗辣椒粉…2 小勺
辣椒面…1 小勺
花椒粒…1 小勺

制作方法

1 将所有材料放入平底锅内，煮至冒泡后转小火，继续煮约3分钟。一边煮一边均匀搅拌。

2 熄火，将平底锅置于湿毛巾上冷却。

使用推荐

可以用作饺子蘸汁，或添加于担担面、拉面、麻婆豆腐中提升辣味，还可作炒菜用油。添加少许至涮锅调料汁或棒棒鸡调料汁中，立马变身为惊艳美味。

美食小百科

花椒

中国产的花椒带有独特的柑橘清香与酥麻口感。由于是整粒的花椒，容易卡在嘴里，因此最好事先用擀面杖等将其捣碎。

辣椒粉

韩国产的辣椒粉不仅辣而且甜，十分适合做辣椒油和韩国料理。

粗辣椒粉

由于含辣椒子，所以比细辣椒粉更辣，辣味更浓。

中式面汁

只需预先调制好面汁，高人气的担担面、中式凉面、炒面等轻松搞定。

担担面调味料

调味料中带着辛辣与浓郁的味道。再配上榨菜，美味超出你的想象。

保质期
冷藏约 1 周

材料（4人份）

猪肉末…200 克

Ⓐ
- 大葱末…1/2 根量
- 生姜末…1 块量
- 调味榨菜末…20 克
- 豆瓣酱…1.5 小勺

芝麻油…2 小勺

Ⓑ
- 白芝麻酱…100 毫升
- 醋…2 小勺
- 酒…2 大勺
- 酱油…2 大勺
- 甜面酱…1 小勺
- 盐…1 小勺
- 胡椒…少许

制作方法

1 向平底锅内倒入芝麻油，中火加热。放入材料Ⓐ炒香，放入肉末。

2 炒至肉熟透后加入混合好的材料Ⓑ，翻炒均匀。

美食小课堂

担担面的基础制作方法

材料（2人份）

中式面条…2 捆

油菜…1 棵

鸡高汤（P.66）…800 毫升

担担面调味料…半份

* 鸡高汤可用鸡精溶液代替（用800毫升热水将2小勺鸡精化开即可）。

1 油菜切成4半，用热水焯片刻。向锅内倒入鸡高汤，开火，加入调味料煮至溶解。

2 向锅内加入充足的热水，将面煮熟，倒掉面汤。

3 将步骤**1**中的汤汁倒入容器中，加入步骤**2**的面，再放上步骤**1**中的油菜。想加辣的话，可淋上辣椒油。

中式凉面调料汁

保质期
冷藏约 1 周

醋味十足的清爽酱油味。
放入冰箱好好冷藏起来吧。

材料（4~6人份）
酱油…100 毫升
醋…100 毫升
鸡精…1 小勺
热水…150 毫升
白砂糖…4 大勺
盐…1/3 小勺
芝麻油…2 小勺

制作方法
用热水稀释鸡精，放入剩余材料，充分搅拌。

可添加于粉丝沙拉、海鲜沙拉、豆腐沙拉等中。

中式凉面芝麻酱

保质期
冷藏约 1 周

芝麻酱香浓醇厚。醋可酌情适当添加，喜欢吃辣可多放辣椒油。

材料（4~6人份）
白芝麻酱…90 毫升
鸡精…1 小勺
热水…150 毫升
白砂糖…3 大勺
酱油…60 毫升
醋…60 毫升
辣椒油…2 小勺
蚝油…1 大勺
生姜泥…1 块量

制作方法
1 用热水稀释鸡精，搅拌均匀。
2 将剩余材料充分混合，加入步骤**1**的汤汁后继续搅拌均匀。

可代替调味汁添加于沙拉中，还可添加于棒棒鸡中。

美食小课堂

中式凉面的基础制作方法

材料（2人份）
中式面条…2 捆
黄瓜…1/2 根
番茄…1/2 个
水煮蛋…2 个
火腿…4 片
白芝麻…适量
中式凉面调料汁…约半份

1 黄瓜切丝；番茄切薄片；水煮蛋切成圆片；火腿切丝。
2 用充足的热水将面煮熟，倒掉面汤。将面放入凉开水中冷却，沥干，盛入碗中。放上步骤**1**的材料，撒上白芝麻，浇上冰好的调料汁。

炒面调味汁

保质期

冷藏约1周

熄火后再加入柠檬汁，可使其中的酸味与独特风味牢牢锁住。

材料（4人份）

大葱末…1/2根量

Ⓐ
- 酒…2大勺
- 味醂…1大勺
- 盐…1.5小勺
- 胡椒…少许

芝麻油…1大勺

柠檬汁…1大勺

小贴士

将面煮散后，再加入炒面调味汁。一边倒入酱汁，一边快速搅拌，使充分入味。

制作方法

1 将材料Ⓐ充分混合。

2 向平底锅内倒入芝麻油，中火加热，放入大葱炒香。再放入步骤**1**的材料，翻炒均匀。熄火，加入柠檬汁。

推荐搭配 可作为肉、海鲜、蔬菜等炒菜时的调味料，还可做烤肉蘸酱。

美食小课堂

炒面的基础制作方法

材料（2人份）

中式焖面…2捆

五花肉薄片…100克

圆白菜…2片

青椒…1个

芝麻油…1小勺

炒面调味汁…半份

1 猪肉切成适口大小。圆白菜切成大块，青椒切条。

2 向平底锅内倒入芝麻油，中火加热，将猪肉炒至焦黄。放入圆白菜、青椒，加入面条继续翻炒。

3 加入调味汁，翻炒均匀。

人气中式料理配方

本部分将为大家介绍十分令人期待的中式料理配方，制作时只需添加预先调好的汤汁即可。

八宝菜芡汁

这是一款与任何食材都十分相配的芡汁。制作完成的菜肴浇上芡汁，味道更香浓。

材料（2人份）

Ⓐ
- 鸡精…约1小勺
- 水…300毫升
- 酱油…1大勺
- 酒…1大勺
- 芝麻油…1小勺
- 盐…1/2小勺
- 胡椒…少许

淀粉…1大勺
水…1大勺

用法

用色拉油炒制食材，加入混合好的材料Ⓐ调味，倒入用1大勺水稀释好的水淀粉，使芡汁浓稠。

推荐搭配

可搭配猪肉、鸡肉、肉末、虾、墨鱼等高蛋白食材，还可将白菜、青椒、胡萝卜、大葱、洋葱、蘑菇、干香菇、木耳、水煮竹笋、嫩豆腐等蔬菜与鹌鹑蛋相搭配，再浇上芡汁。

酸辣汤汤汁

加入醋与辣椒油后，汤汁香辣酸爽。出锅后再放醋，可保持醋的酸味。

材料（2人份）

Ⓐ
- 鸡精…1小勺
- 水…400毫升
- 酱油…1大勺
- 酒…1大勺
- 盐…1/4小勺
- 胡椒…少许

醋…1.5大勺
辣椒油…根据个人喜好添加

用法

将材料Ⓐ和食材放入锅内，煮至食材变软。起锅前加醋。根据个人喜好，可适量添加辣椒油。

推荐搭配

根据个人喜好，可使用猪肉、鸡肉、肉末等肉类。豆腐可使用嫩豆腐或北豆腐。蔬菜可使用水煮竹笋、蘑菇、洋葱、大葱、豆芽等。将食材煮至变软后，再倒入蛋液。待蛋花浮起后，再放入食醋。

广式炒面复合调味料

不仅有沙司与盐的味道，再加上蚝油作底料，让人眼前一亮。

材料（2人份）

蚝油…1.5大勺
酱油…1/2大勺
白砂糖…1/2小勺
鸡精…1/4小勺
水…1.5大勺
盐、胡椒…各少许
芝麻油…1/2小勺

用法

用色拉油炒制食材，炒熟后放入中式焖面（炒面用）继续翻炒。加入调制好的广式炒面复合调味料，继续炒至面条干爽。

推荐搭配

可搭配猪肉、鸡肉、烤猪肉、虾、墨鱼、扇贝等高蛋白食材，还可将豆芽、韭菜、白菜、大葱、胡萝卜、青椒、红辣椒、龙须菜、干香菇、木耳等蔬菜混合，再浇上芡汁。

其他中式料理调料汁

中式炸物调料汁➡P.47　炒饭调味汁➡P.48
排骨调料汁➡P.49　中式糯米饭调料汁➡P.49

韩式料理调料汁、复合调味料

加入韩式辣椒酱后，不止增添了一丝辣意，还多了几分香浓、甘甜与独特风味。

烧烤汁

苹果的酸甜给酱汁增添了层次感。柠檬汁起到了提味作用。

保质期
冷藏约 2 周

材料（6人份）

- Ⓐ
  - 大蒜泥…1 瓣量
  - 生姜泥…1 块量
  - 苹果泥…1/4 个量
  - 洋葱泥…1/4 个量
  - 酱油…100 毫升
  - 生抽…1 大勺
  - 味醂…50 毫升
  - 酒…1 大勺
  - 白葡萄酒…1 大勺
  - 白砂糖…3 大勺
- 芝麻油…1/2 小勺
- 白芝麻…1 小勺
- 柠檬汁…1 小勺

制作方法

将材料Ⓐ放入平底锅内，中火加热，煮沸后熄火。加入芝麻油、白芝麻、柠檬汁即可。

除韩式沙拉、鱼及肉类混合沙拉外，还可用于炒饭、炒菜等，或添加于炖猪肉或炖萝卜中。

可以做腌料用!

用做腌制烤肉的调料汁时，每200克肉需放4大勺烤肉调料汁，腌制10~15分钟。

韩式烤肉腌料

保质期
冷藏约 2 周

加入韩式辣椒酱及辣椒粉等后，辣中带甜。
喜欢吃辣的朋友不容错过。

材料（可腌制400克肉的分量）
大蒜泥…1 瓣量
生姜泥…1 块量
大葱末…1/4 根量
酱油…3 大勺
酒…2 大勺
韩式辣椒酱…2 小勺
辣椒粉…1/4 小勺
芝麻油…1/2 小勺
白芝麻…1/2 小勺

制作方法
将材料充分混合。

小贴士
将肉放入腌渍调料汁中腌制10~15分钟，再进行烤制。

户外烧烤调料汁

让你尽情享受户外的烧烤时光。事先用酱汁将肉腌好带去，之后只需烤制一下便大功告成。腌制过的肉软嫩可口。

保质期
冷藏约 2 周

材料（可腌制400克肉的分量）
番茄酱…50 毫升
炸猪排沙司…1 大勺
大蒜泥…1 瓣量
洋葱泥…1 大勺
酱油…1 大勺
白砂糖…1 小勺
芥末酱…1 小勺
蜂蜜…1 小勺
红辣椒粉…1/2 小勺
盐、胡椒…各少许

制作方法
将材料充分混合。

美食小课堂

日式烤串的基础制作方法

材料（2人份）
牛里脊肉 …200 克
青椒、洋葱、红辣椒…各适量
户外烧烤调料汁…半份

* 烤箱烤制时间：250℃，烤约10分钟。

1 将牛肉切成适口大小，放入调料汁中腌制约15分钟。
2 将步骤1的牛肉与蔬菜（切成适口大小）穿在铁扦上，用烤架或烤箱烤制。

韩式甜辣鸡块调味汁

一款甜辣口味的韩式辣椒酱。
刚出锅的炸鸡裹上酱料后即可享用。

材料（4人份）

韩式辣椒酱…3 大勺
大蒜泥…1 瓣量
番茄酱…2 大勺
白砂糖…1/2 大勺
酒…1 大勺
酱油…1 大勺
芝麻油…1 小勺
白芝麻…1 小勺

保质期
冷藏约 1 周

制作方法
将材料充分混合。

可做炒年糕、炒蔬菜等炒菜调味用。

美食小课堂

韩式甜辣鸡块的基础制作方法

材料（2人份）

去骨鸡腿肉…1 只（300 克）
面粉、色拉油…各适量
韩式炸鸡调味汁…半份

1 将鸡肉切成适口大小，在表面薄薄涂上一层面粉。
2 向平底锅内倒入色拉油，稍稍没过食材，中火加热，放入步骤**1**的鸡肉炸制。沥去多余油分，裹上调料汁。
3 盛盘，条件允许的情况下，可搭配红叶生菜。

美食小百科

韩式辣椒酱

一种用糯米、酒曲、辣椒、盐等为原料发酵而成的甜辣酱。带有淡淡甜味，是韩国料理不可或缺的调味料。

韩式烤牛肉调料汁

保质期
冷藏约 1 周

酱汁中带着大蒜、生姜、芝麻的独特风味，甜度适中，可使炒菜味道更加香浓。

材料（4人份）

大蒜泥…1 瓣量
生姜泥…1 块量
酱油…3 大勺
酒…3 大勺
辣椒粉…2 小勺
白芝麻…2 大勺
白砂糖…1.5 大勺
芝麻油…2 大勺

制作方法
将材料充分混合。

除韩式烤牛肉外，还可用于制作韩式粉丝、韩式石锅拌饭。

美食小课堂

韩式烤牛肉的基础制作方法

材料（2人份）

牛肉薄片…150 克
洋葱…1/2 个
韭菜…50 克
鲜香菇…3 朵
红辣椒…1/4 个
韩式烤牛肉调料汁…半份
芝麻油…1 小勺

1 将牛肉切成适口大小。洋葱切薄片，韭菜切长段。香菇切片，红辣椒切丝。
2 将步骤**1**的材料放入碗中，加入调料汁，使其均匀裹在材料表面，静置约5分钟。
3 向平底锅内倒入芝麻油，中火加热，放入步骤**2**的材料，煮至全部熟透。

韩式拌杂蔬调料汁

保质期
冷藏约 2 周

一款用于凉拌蔬菜的韩式风味凉拌汁。
任何蔬菜都不在话下，十分百搭。

材料（4人份）
大蒜泥…1 瓣量
芝麻油…2 大勺
酱油…1 小勺
白砂糖…1 小勺
白芝麻…1 大勺
盐…2/3 小勺
胡椒…少许

制作方法
将材料充分混合。

推荐搭配
胡萝卜、萝卜、青椒、红辣椒、西蓝花、茄子、茼蒿等。

美食小课堂

韩式凉拌菜的基础制作方法

材料（2人份）
菠菜…1 小把（200 克）
豆芽…200 克
韩式拌杂蔬调料汁…整份

1 豆芽焯水片刻，沥干水分。然后继续放入菠菜焯一下，捞出沥干。切成4厘米长的段，再次挤干水分。
2 将步骤1的材料分别放入碗中，加入半份韩式拌杂蔬调料汁搅拌，使其均匀裹在食材表面。

韩式煎饼调料汁

保质期
冷藏约 2 周

添加少许韩式辣椒酱后，酱汁的清新中带着一丝浓郁。
与酥脆爽口的韩式煎饼十分相配。

材料（4人份）
大蒜泥…1 瓣量
酱油…4 大勺
芝麻油…1 小勺
醋…1 小勺
蜂蜜…1 小勺
韩式辣椒酱…1/2 小勺
辣椒粉…1/2 小勺
白芝麻…1 小勺

*醋可根据个人口味适量添加。

制作方法
将材料充分混合。

越南生春卷、水饺、馄饨等。

韩式火锅复合调味料

保质期
冷藏约 1 周

多用于火锅、汤、炖煮等带汤的偏辛辣料理。

材料（4人份）
韩式辣椒酱…4 大勺
大蒜泥…1 瓣量
生姜泥…1 块量
粗辣椒粉…1 小勺
辣椒粉…1/2 小勺
砂糖…1 大勺
酒…2 大勺
酱油…1 大勺
芝麻油…1 大勺
盐…2/3 小勺

制作方法
将材料充分混合。

推荐搭配
可用于制作带汤的炖菜或汤菜。除此之外，还可以作为烤五花肉或鸡肉炒菜的调味料。也可以尝试用于制作土豆炖肉或韩式圆白菜。

美食小课堂

韩式豆腐锅的基础制作方法

材料（2人份）
嫩豆腐…1/2 块
蛤蜊…150 克
五花肉薄片…100 克
大葱…1 根
韭菜…1/2 把（50 克）
白菜…150 克
鸡蛋…1 个
鸡高汤（P.66）…约 800 毫升
韩式火锅复合调味料…半份

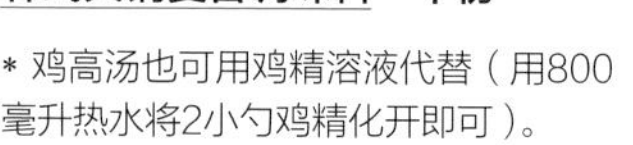

* 鸡高汤也可用鸡精溶液代替（用800毫升热水将2小勺鸡精化开即可）。

1 蛤蜊吐沙，洗净沥干；猪肉切成适口大小；大葱切斜段；韭菜和白菜切大块。

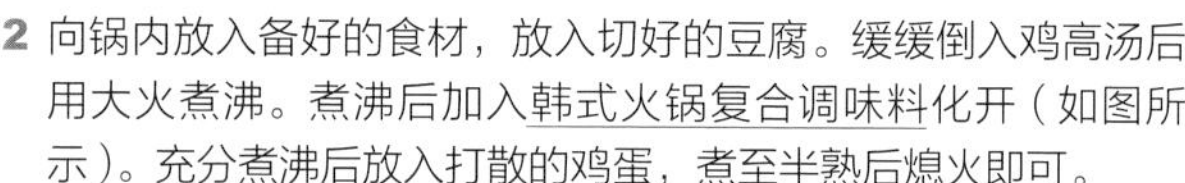

2 向锅内放入备好的食材，放入切好的豆腐。缓缓倒入鸡高汤后用大火煮沸。煮沸后加入韩式火锅复合调味料化开（如图所示）。充分煮沸后放入打散的鸡蛋，煮至半熟后熄火即可。

人气韩式料理配方

想要做出美味的石锅拌饭、韩式土豆排骨汤、韩式泡菜五花肉，下面的酱料配方是必学的！制作 4 人份时只需加入双倍的酱汁即可。

石锅拌饭肉酱

与凉拌菜一起放在米饭上，肉酱在大蒜的作用下散发出甜辣口感。

材料（2人份）

牛肉末…100 克
芝麻油…1 小勺
酱油…1 大勺
白砂糖…1 小勺
大蒜泥…1/2 小勺

制作方法

向平底锅内放入芝麻油，油热后放入肉末，炒至肉变色后放入酱油、砂糖、大蒜，煮至收汁。

美食小课堂

石锅拌饭

材料（2人份）

米饭…2 碗
二三种凉拌菜（根据个人喜好添加，参照 P.139）…各 2 人份
蛋黄…2 个
石锅拌饭肉酱…整份
韩式辣椒酱…适量

向容器中放入米饭、凉拌菜、石锅拌饭肉酱，然后在中间放上蛋黄，放上韩式辣椒酱，充分搅拌后即可食用。

* 根据个人喜好也可将蛋黄换成煎蛋卷。

韩式土豆排骨汤复合调味料

用辣椒酱充分炖煮猪排骨，浓缩的精华全在韩式土豆排骨汤中。

材料（2人份）

韩式辣椒酱…1.5 大勺
酒…1.5 大勺
白砂糖…1.5 大勺
酱油…1.5 大勺
味噌酱…1/2 大勺
粗辣椒粉…1 小勺
大蒜泥…1/2 瓣量
生姜泥…1/2 块量
芝麻油…1 小勺

制作方法

将所有材料混合后搅拌均匀。

美食小课堂

韩式土豆排骨汤

材料（2人份）

排骨…300 克
土豆…2 个
洋葱…1/2 个
茼蒿…50 克
韩式土豆排骨汤复合调味料…整份

1 锅内放入排骨，加水没过，中火炖煮。水沸后撇去浮沫，炖约30分钟。
2 土豆对半切开，洋葱切成月牙状。
3 将步骤2备好的蔬菜和复合调味料放入步骤1的锅内，当水变少时，缓缓加水没过食材，盖上锅盖炖煮约20分钟。炖好后放入茼蒿稍煮片刻即可。

韩式泡菜五花肉调味料

泡菜是决定这道菜成功的关键，做好后根据味道稍加盐、胡椒、酱油调味即可。

材料（2人份）

泡菜…150 克
盐、胡椒、酱油…各少量

用法

泡菜切成适中大小。用芝麻油先炒猪肉，然后加入泡菜、蔬菜翻炒，用盐、胡椒、酱油调味。

美食小课堂

韩式泡菜五花肉

材料（2人份）

猪里脊肉薄片…150 克
豆芽…100 克
韭菜…80 克
芝麻油…1 大勺
韩式泡菜五花肉调味料…整份

1 猪肉切成适中大小，韭菜切成三四厘米的段。
2 向平底锅内放入芝麻油，放入猪肉炒至猪肉变色，然后加入泡菜继续翻炒。
3 加入豆芽和韭菜稍加翻炒后放入盐、胡椒、酱油调味。

推荐搭配

猪肉可换成牛肉、鸡肉或肉末。蔬菜也可以使用油炸豆腐、茄子、蘑菇、洋葱、南瓜等替换。

其他韩国料理酱料
韩式炒粉丝调味汁➡P.59　韩式生拌调料汁➡P.59

地域风味调料汁、调味汁

轻松做出高人气的印度料理、泰国菜酱料，在家也能轻松做出餐厅的味道。

印度烤鸡腌料

保质期
冷藏约 5 天

代表性印度料理，将鸡肉用辣酱腌制入味后再烤熟。

材料（易于制作的分量）

原味酸奶…400 克
大蒜泥…1 瓣量
生姜泥…1 块量
香料…详见下方 *
番茄酱…1 大勺
盐…1/2 大勺
胡椒…少量

* 香料由辣椒、小豆蔻、香菜、小茴香、辛辣香料粉（所有调料均为粉末）各2小勺，皇帝辣椒、丁香粉、肉桂粉、姜黄各1小勺组成。若没有以上香料，可使用4大勺咖喱粉代替。

制作方法

将所有材料混合后搅拌均匀。

推荐搭配

除鸡肉外，还可以搭配虾、蛤蜊、扇贝等海鲜。

美食小百科

原味酸奶

不含砂糖并使用无糖食材。酸奶也可以使肉更松软。如果有里海酸奶的话，推荐使用里海酸奶。

美食小课堂

基础印度烤鸡制作方法

材料（4人份）

去骨鸡腿肉…500 克
印度烤鸡腌料…半份

1. 鸡肉去除多余脂肪后切成适口大小。将鸡肉放入容器中，加入腌料。将鸡肉充分裹上腌料后放入冰箱冷藏2小时至半日。
2. 将腌制好的鸡肉摆在烤箱烤盘中，200℃烤约20分钟（也可使用烤鱼架烤制或者平底锅内放上橄榄油煎制）。盛出装盘，可放上酸橙或香菜加以点缀。

小贴士

鸡肉要整体浸在腌料中。也可以放在保鲜袋中腌制。

越南生春卷调味汁

保质期
冷藏约 1 周

味道清爽简单的生春卷搭配甜辣的酱料，美味好搭档。

材料（8个）

鱼露…2 大勺
大蒜泥…1/2 瓣量
红辣椒段…1 小撮
醋…1 大勺
白砂糖…2 小勺
水…1 大勺

制作方法

将所有材料混合后搅拌均匀。

推荐搭配

可以作鱼和肉的沙拉调味汁。将肉末炒一下，用酱汁调味，淋在蒸熟后撕开的茄子上也很美味。

美食小课堂

基础越南生春卷制作方法

材料（2人份）

米纸…6 张　**豆芽…100 克**
绿豆粉丝…30 克　**韭菜…3 根**
虾…6 只　**香菜叶…适量**
鸡胸肉…2 块　**越南生春卷调味汁…半份**

1. 粉丝用热水泡开后沥干。虾去壳去虾线，焯熟后对半切开。鸡胸肉炒熟后撕成条状。豆芽稍加焯水（根据个人喜好也可生吃），韭菜切成15厘米长的段。
2. 米纸浸水后，平铺在湿布上。稍加浸湿后依次放上鸡胸肉、豆芽、粉丝。稍微隔开一点距离放上香菜和虾，两端折一下卷一卷。最后把韭菜露出一点卷起来。
3. 盛出放入容器中，淋上调味汁。

2 种地域风味沙拉调味汁

本部分将为大家介绍以鱼露和蛋黄酱为底料的酱料。独特的风味勾起食欲，美味蔬菜也能吃下很多。

泰式冬粉沙拉调味汁

保质期

冷藏约 1 周

泰国菜的代表就是粉丝沙拉了。鱼露的甘甜和特有的风味搭配上柠檬的酸爽，美味无穷。

材料（4人份）

大蒜泥…1 瓣量
红辣椒段…2 小撮
柠檬汁…3 大勺
白砂糖…1 大勺
鱼露…4 大勺
色拉油…1 大勺

制作方法

将所有材料混合后搅拌均匀。

推荐搭配　可搭配青木瓜沙拉，还可以用做鱼、肉等配菜沙拉的调味汁。

美食小百科

鱼露

以坚硬的沙丁鱼为原料制成，是泰国的鱼酱。浓厚的香甜和独特的香味是其特征。此外，还有越南鱼露。

美食小课堂

基础泰式冬粉沙拉制作方法

材料（2人份）

绿豆粉丝…50克
猪肉末…60克
虾仁…6只
木耳…3克
小番茄…6个
西芹…30克
紫洋葱…20克
胡萝卜…20克
香葱…15克
香菜…适量
泰式冬粉沙拉调味汁…半份

1 粉丝用热水泡软；木耳泡开后切成丝；虾去除虾线。
2 向锅内加水烧热，放入肉馅、虾、木耳，焯熟后捞出备用。
3 小番茄对半切开，西芹去根茎后切斜段，叶子切成大块。紫洋葱切薄片，沥干水分。胡萝卜切细丝，葱和香菜切大块。
4 罐子中放入沥干的粉丝和备好的食材，加入调味汁即可。

甜辣酱调味汁

保质期 冷藏约1周

香甜的甜辣酱加上蛋黄酱，再加上鱼露提升整体味道。

材料（4人份）

甜辣酱（制作方法详见下方或使用成品）…3大勺
鱼露…1大勺
柠檬汁…1大勺
蛋黄酱…3大勺

制作方法

将材料充分混合。

推荐搭配

可浇于水蒸鸡肉、海鲜、炸厚豆腐等沙拉上。还可添加于炸鱼、油炸鱼肉丸子的蘸汁中。

自制甜辣酱调味汁

保质期 冷藏约2周

作为泰国料理的生春卷和油炸春卷的调味汁很受欢迎。又甜又辣，还有酸酸的味道。

材料（易于制作的分量）

Ⓐ 辣椒碎…1/2小勺
Ⓐ 蒜末…1瓣量
Ⓐ 醋…150毫升
Ⓐ 水…100毫升
Ⓐ 白砂糖…300克
鱼露…2大勺

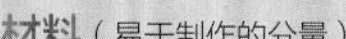

使用推荐

可用于制作越南生春卷、炸春卷或水饺的蘸料，或浇于炸肉、炸海鲜或蛋包饭上。

制作方法

1 向平底锅内加入材料Ⓐ，中火加热。

2 煮约5分钟至汤沸，加入鱼露，熄火。

人气地域料理酱料、沙司

本部分将为大家介绍咖啡店中大家熟知的地域风料理的酱汁和沙司。在家也能制作，非常简单。

印尼炒饭调料汁

印尼炒饭是印度尼西亚炒饭的一种，味道香甜而辛辣。

材料（2人份）

番茄酱…1 大勺
甜辣椒酱…1 大勺
辣椒酱…2 小勺
蚝油…1 小勺
酱油…1 小勺
盐、胡椒…各少许

制作方法

将所有材料混合后搅拌均匀。

美食小百科

辣椒酱

以浓缩了的番茄为基础，用盐、醋、辣椒粉等调味料混合而成的带有辣味的酱汁，与甜辣椒酱不同。

美食小课堂

印尼炒饭

材料（2人份）

米饭…2 碗　色拉油…2 大勺
鸡肉末…80 克　鸡蛋…2 个
虾仁…80 克　紫叶生菜…2 片
紫洋葱…1/4 个　黄瓜…1/4 根
红辣椒…30 克　印尼炒饭调料汁…整份
大蒜…1 瓣

1 去除虾线，将虾切成1厘米长的段。紫洋葱和红辣椒切成5毫米的丁，大蒜切末。
2 向平底锅内放入1大勺色拉油，放入蒜末，小火煸炒。炒出香味后转中火，依次放入肉末、虾仁、紫洋葱、红辣椒翻炒均匀。
3 加入米饭炒至松散，然后加入调味汁翻炒均匀后盛出备用。
4 将炒饭的锅洗净后放入1大勺色拉油，放入鸡蛋制作煎蛋卷。将做好的煎蛋卷放在炒好的米饭上，用紫叶生菜和黄瓜片加以点缀。

泰式罗勒鸡肉饭调料汁

泰式罗勒鸡肉饭是一道非常受欢迎的料理，最后一定要将酱汁淋在米饭上，再盖上煎蛋卷。

材料（2人份）

蚝油…1 大勺
鱼露…1 大勺
酱油…1/2 小勺
白砂糖…1 小勺
红辣椒段…1 小勺

制作方法

将所有材料混合后搅拌均匀。

美食小课堂

泰式罗勒鸡肉饭

材料（2人份）

米饭…2 碗
鸡肉末…200 克
洋葱…1/2 个
大蒜…1 瓣
红辣椒…1/2 个
罗勒叶…10 片
芝麻油…2 小勺
鸡蛋…2 个
色拉油…1 大勺
泰式罗勒鸡肉饭调料汁…整份

1 洋葱、大蒜切末，红辣椒切细丝。
2 向平底锅内加入芝麻油，中火加热，放入蒜末炒出香味后依次放入肉末、洋葱、红辣椒。
3 加入调料汁翻炒均匀，然后放入切好的罗勒叶充分混合。
4 用另外一只平底锅放入色拉油烧热，放入鸡蛋制作煎蛋卷。
5 米饭盛盘，放上炒好的蔬菜，将做好的煎蛋卷放在米饭上。

泰式炒面调料汁

用泰国米粉制作而成的泰式风味炒面，最后撒上花生米提升口感。

材料（2人份）

鱼露…2 大勺　辣椒粉…1/4 小勺
白砂糖…1 小勺　胡椒…少许
蚝油…1/2 大勺

制作方法

将所有材料混合后搅拌均匀。

美食小百科

泰国米粉

用米粉制作而成，在泰国也叫作泰国米麺，有三种粗细。泰式炒面用的是中等粗细的泰国米粉。

美食小课堂

泰式炒面

材料（2人份）

泰国米粉…150 克　大蒜…1 瓣
虾…6 只　色拉油…2 大
五花肉薄片…100 克　泰式炒面调料…整份
鸡蛋…2 个　花生米…20
豆芽…100 克　香菜…20 克
韭菜…50 克　酸橙…1/4 个
紫洋葱…1/4 个

1 泰国米粉用水泡约2小时。
2 虾去壳去虾线，猪肉切成3厘米宽的片。豆芽去根，韭菜切段，紫洋葱、蒜切末。
3 向平底锅内加入1大勺色拉油，油热后放入打散的鸡蛋炒熟。
4 再次向炒鸡蛋的锅内加入1大勺色拉油，放入洋葱和蒜末中火翻炒出香味。然后依次放入猪肉、虾继续翻炒，再放入沥干水分的泰国米粉和调料汁、炒好的鸡蛋、豆芽和韭菜充分翻炒（注意蔬菜炒制时间不能过久）。
5 盛出放入容器中，添加花生碎、香菜碎和酸橙。

海南鸡饭蘸酱

一款用电饭煲制作的新加坡风味鸡米饭。
加入浓浓香辛味酱汁。

材料（2人份）
大葱末…1/2 大勺
生姜末…1/4 小勺
大蒜末…1/4 小勺
鱼露…1/2 大勺
蚝油…1/2 大勺
酱油…1/2 大勺
芝麻油…1/2 小勺
白砂糖…1 小勺
柠檬汁…1/2 小勺

制作方法
将所有材料放入小锅内，煮沸后熄火，放置冷却。

美食小课堂

海南鸡饭

材料（2人份）
泰国茉莉香米…1.5 杯（270 毫升）
去骨鸡腿肉…1 只
盐、胡椒…各少许
海南鸡饭蘸酱…整份

1 将米洗净，沥干。
2 鸡肉撒盐、胡椒，使其入味。
3 将步骤1的大米放入电饭煲中，加水至1.5杯米的水量刻度线处，放上步骤2的鸡肉，按下煮饭键。
4 煮熟后，取出鸡肉，切成适口大小。将米饭盛入盘中，放上鸡肉，浇上蘸酱。食用时，用鸡肉蘸着酱吃。

沙嗲酱

印度尼西亚的烤肉称为“沙嗲”。
味道香浓的花生酱是美味的关键所在。

材料（2人份）
大蒜泥…1/4 瓣量
生姜泥…1/4 块量
洋葱泥…1/2 大勺
花生酱（无糖型）…1 大勺
椰奶…1/2 大勺
鱼露…1/2 大勺
柠檬汁…1 小勺
红辣椒段…1 小撮

制作方法
将材料充分混合。

小贴士

花生酱
花生酱甜味较淡，味道香浓，常用于制作地域风味料理。烹饪时，推荐使用无糖型花生酱。

美食小课堂

沙嗲鸡肉

材料（2人份）
去骨鸡腿肉…1 只
盐、胡椒…各少许
沙嗲酱…整份

1 鸡肉切成适口大小，穿在竹扦上，撒上盐和胡椒。
2 用烤鱼架烤制步骤1的鸡肉。烤制过程中，一边涂抹沙嗲酱，一边烤至熟透即可。

罗勒三杯鸡调料汁

用蚝油及鱼露等调味料腌制罗勒，使罗勒更入味。

材料（2人份）
罗勒叶…10 片
大蒜片…1/2 瓣量
红辣椒段…1/2 小勺
蚝油…1 大勺
鱼露…1/2 大勺
酱油…1/2 大勺
白砂糖…1/2 小勺
胡椒…少许

制作方法
1 罗勒洗净，沥干备用。
2 将剩余的材料充分混合，加入步骤1的罗勒静置片刻。

美食小课堂

罗勒三杯鸡

材料（2人份）
去骨鸡腿肉…1 只
红辣椒…1/2 个
色拉油…2 小勺
罗勒三杯鸡调料汁…整份

1 鸡肉切成适口大小，红辣椒切成1厘米的段。
2 向平底锅内倒入色拉油，油热后放入鸡肉，炒至变色。放入红辣椒，翻炒片刻，加入调料汁，煮至食材充分入味。

冬阴功汤底料

本来应使用柠檬草及香茅等香料制作，本书介绍的方法只需使用日常食材即可完成。

材料（2人份）
番茄汁（不含盐）…25 毫升
椰奶…25 毫升
鱼露…2 大勺
柠檬汁…2 大勺
生姜丝…1/2 块量
韩式辣椒酱…1/2 大勺
红辣椒…1 个
胡椒…少许

制作方法
将材料充分混合。

美食小课堂

冬阴功汤

材料（2人份）
虾…6 只
草菇…5 朵
鸡精…1 小勺
水…400 毫升
香菜…适量
冬阴功汤底料…整份

1 虾去壳去虾线，草菇切两半。
2 将鸡精及400毫升水放入锅内，煮沸后放入步骤1的材料，煮至变色后加入底料调味。出锅前放入香菜末。

其他地域风味料理沙司

椰子咖喱酱➡P.56　咖喱米粉调味料➡P.57

专栏 2

调味油和调味盐

只需将香草、辛香料与油、盐混合即可。在处理食材时或完成后添加少许，即可给料理增添香味与独特风味，美味绝佳！

柠檬油

具有柠檬的清香和香草的独特风味。

材料（易于制作的分量）

柠檬皮…1/2 个量

豆蔻…1 大勺

肉桂皮…1 根

葡萄籽油…200 毫升

＊葡萄籽油可用橄榄油代替。

制作方法

将柠檬皮、豆蔻、肉桂皮放入瓶中，倒入葡萄籽油，放置约3天，之后将柠檬皮取出。

香草油

保质期 常温下约 6 个月

使用香味浓郁的香草制作而成。
若家中有剩余的香草，请一定要尝试做一做。

材料（易于制作的分量）

香草…适量

橄榄油…200 毫升

＊香草可选用2根迷迭香、2支鼠尾草等，或根据个人喜好添加。

制作方法

将香草放入瓶中，倒入橄榄油，放置约3天即可食用。一两周后，将香草取出。

意大利辣椒油

保质期 常温下约 6 个月

想让沙拉或意大利面味道更浓时，可添加少许意大利辣椒油。

材料（易于制作的分量）

大蒜…3 瓣

红辣椒…3 个

黑胡椒…1 小勺

橄榄油…200 毫升

＊葡萄籽油可用橄榄油代替。

制作方法

1 将大蒜切成两半。

2 将步骤**1**的大蒜、红辣椒、黑胡椒放入瓶中，倒入橄榄油，放置约3天即可食用。2周后，将大蒜取出。

使用推荐

作调味汁或腌泡汁使用时，可用于制作肉类料理、鱼类料理、意大利面、凉拌豆腐、刺身等，还可搭配烤至干爽的法棍面包食用。

调味油的制作要领

香草等洗净后要拭干水分。若将残留水分的香草放至油中，做出的调味油十分容易变质。虽然在常温下的保质期约为半年，为防止油发酸，请尽快食用。

辛香料调味油

保质期 常温下约 6 个月

不将香辛料取出也可以。
与地域风味料理十分相配。

材料（易于制作的分量）

红辣椒…1 个

孜然…1 小勺

多香果…1 小勺

橄榄油…200 毫升

＊除橄榄油外，还可使用葡萄籽油制作 。

制作方法

将红辣椒、孜然、多香果放入瓶中，倒入橄榄油，放置约2周。

抹茶盐

盐中混合着抹茶高雅的风味。推荐搭配用白肉鱼等味道清淡的食材制作的天妇罗食用。

材料（易于制作的分量）
抹茶…1/2 小勺
盐…1 大勺

制作方法
向平底锅内放入盐，炒热后加入抹茶，快速翻炒。

香蒜盐

撒上少许便可增添浓浓蒜香，变身为让人食欲大开的美味菜肴。

材料（易于制作的分量）
香蒜粉…1 小勺
盐…1 大勺

制作方法
向平底锅内放入盐，炒热后加入香蒜粉，快速翻炒。

咖喱盐

在炸肉、炸鱼、炸薯条上撒上少许。
风味倍增。

材料（易于制作的分量）
咖喱粉…1/2 小勺
盐…1 大勺

制作方法
向平底锅内放入盐，炒热后加入咖喱粉，快速翻炒。

中式调味盐

五香粉是一种中国特有的复合调味料。
在油炸食品上撒上少许，摇身一变中式风味。

材料（易于制作的分量）
五香粉…1/2 小勺
盐…1 大勺

制作方法
向平底锅内放入盐，炒热后加入五香粉，快速翻炒。

花椒盐

刺激的辛辣与柔和的香气相碰撞，十分绝妙。特别适合用于制作鸡肉、白肉鱼料理。

材料（易于制作的分量）
花椒粉…1/2 小勺
盐…1 大勺

制作方法
向平底锅内放入盐，炒热后加入花椒粉，快速翻炒。

芥末盐

特有的强烈辛辣令人上瘾。
除饭团外，还可添加于凉拌豆腐及味噌萝卜中。

材料（易于制作的分量）
芥末粉…1/2 小勺
盐…1 大勺

制作方法
向平底锅内放入盐，炒热后加入芥末粉，快速翻炒。

香草盐

香草独特的风味使普通的料理立刻变得高级，用途十分广泛。

材料（易于制作的分量）
混合干香草…1 小勺
盐…1 大勺

制作方法
向平底锅内放入盐，炒热后加入混合干香草，快速翻炒。

* 由于调味盐的香味会逐渐减弱，请尽快使用。

使用推荐！

可添加于嫩煎或水煮肉（鱼）以及蔬菜中，还可添加于天妇罗、西式油炸食品或法式油炸食品中。此外，还可用于制作沙拉、凉拌菜、意大利面、炒菜等。

专栏3

甜品酱

手工制作出的甜点更加美味！
除点心外，还可用于制作饮品及其他料理。

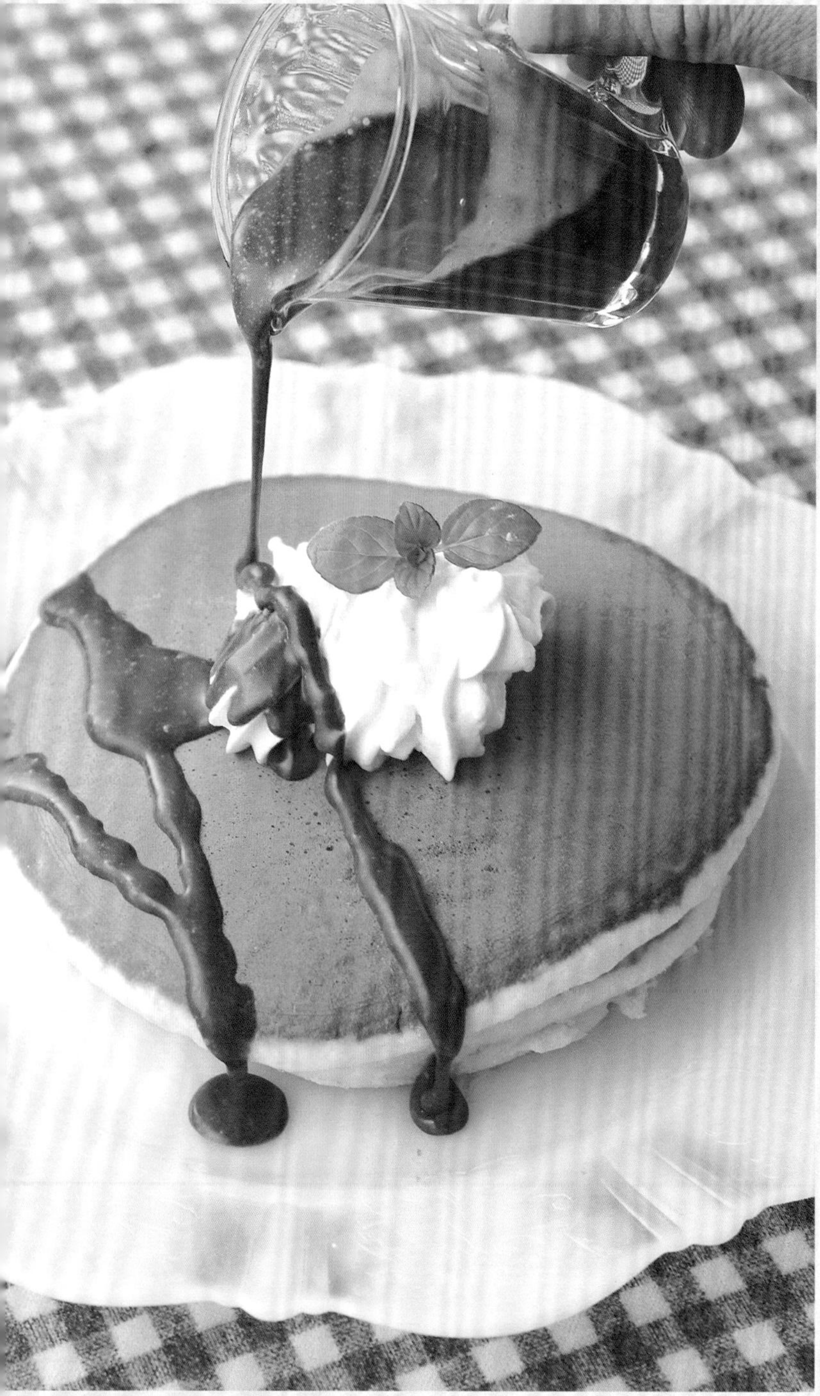

保质期
冷藏约1周

巧克力酱

融化的巧克力酱加上黄油与鲜奶油的香醇。可可浓郁的香味增添了几分高级感。

材料（易于制作的分量）
甜巧克力…80克
细砂糖…1大勺
无盐黄油…10克
鲜奶油…130毫升
可可粉…1小勺

制作方法
1 将甜巧克力切碎，放入碗中，隔水加热，使其化开。
2 向步骤1的巧克力中加入细砂糖、黄油、鲜奶油、可可粉，用橡皮刮刀充分搅拌，将碗从热水中拿出。

推荐搭配
可搭配蛋糕、热薄饼、烤面包片、戚风蛋糕等。
若与牛奶混合，还可制作巧克力饮品。

芒果酱

添加芒果酱后，满满热带风情袭来。
芳香的橘味白酒增添了几分成熟的气息。

材料（易于制作的分量）

芒果肉…200 克
白葡萄酒…50 毫升
细砂糖…1 大勺
柠檬汁…1 小勺
橘味白酒…1 小勺

制作方法

1. 芒果去皮和种子，用搅拌机或料理机搅拌成糊。
2. 锅内加入步骤**1**的芒果、白葡萄酒、细砂糖，中火加热，稍煮片刻后，转小火煮约3分钟。
3. 熄火，加入柠檬汁、橘味白酒。

推荐搭配

可添加于布丁、冰淇淋、慕斯、蛋糕中，或浇在酸奶、简易戚风蛋糕上。还可在制作蔬菜汁时，添加少许。此外，也可以用做调味汁或嫩煎肉排的调料汁，或代替咖喱辣酱。

焦糖酱

保质期 冷藏约 2周

是制作布丁时不可或缺的酱汁。
芳香中夹杂着淡淡苦味，十分美妙。

材料（易于制作的分量）

细砂糖…50 克
水…1 小勺 +50 毫升

制作方法

1. 向小锅内放入砂糖、1小勺水，中火加热，一边搅拌一边煮至浓缩。
2. 砂糖化开变成焦糖色后熄火，加入50毫升水（容易溅到，小心烫伤），一边摇动锅一边搅拌。

推荐搭配

除布丁外，还可与面包、冰淇淋、热蛋糕及戚风蛋糕搭配食用。若与加热的牛奶混合，还可制作牛奶糖。

核桃酱

保质期 冷藏约 1周

炒制过的核桃味道十分香。
添加味醂后，增添了几分柔和、高雅的甘甜。

材料（易于制作的分量）

核桃…40 克
白砂糖…1/2 大勺
酱油…1/2 小勺
味醂…4 大勺

制作方法

1. 将味醂倒入小锅内，中火加热，煮沸后熄火。
2. 向平底锅内放入核桃翻炒，炒好后放入料理机，搅拌成糊。
3. 向步骤**2**的料理机中加入砂糖、酱油搅拌，并缓缓倒入步骤**1**的味醂，搅拌均匀。

＊料理机可用研钵代替。

推荐搭配

将年糕和糯米团子混合，放入酱汁，还可浇在冰淇淋或吐司上。

猕猴桃酱

保质期 冷藏约 1周

酸酸甜甜的猕猴桃味道十分清新。种子清脆的口感令人愉悦。

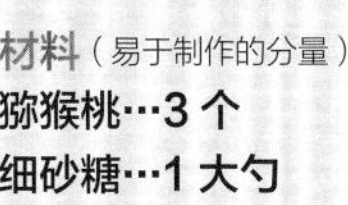

材料（易于制作的分量）

猕猴桃…3 个
细砂糖…1 大勺
柠檬汁…1 小勺

制作方法

1. 猕猴桃去皮磨泥，放入小锅内。
2. 加入砂糖、柠檬汁搅拌，小火煮约3分钟至黏稠为止。

推荐搭配

可搭配冰淇淋、慕斯、面包圈、薄饼、酸奶等。此外，还可用于煎肉。

黑糖蜜

只需使用少量食材即可轻松制作完成。
用黑糖和三温糖两种砂糖制作而成。

材料（易于制作的分量）

红糖…50 克
三温糖…50 克
水…50 毫升

制作方法

小锅内放入红糖、三温糖、50毫升水，中火加热。撇去浮沫，一边煮一边搅拌，煮约5分钟至黏稠为止。

推荐搭配

可添加于豆沙、蕨根粉、葛根凉粉、糯米团子、刨冰、酸奶、吐司等中，还可做甜辣味的炖菜调味用。

按调味料和食材分类的酱汁索引

[按调味料分类]

●酱油

万能酱油 10
照烧鸡肉调料汁 11
土豆炖肉调料汁 12
干烧鱼汤汁 13
金平牛蒡调料汁 13
鸡肉鸡蛋盖饭汤汁 14
什锦焖饭调料汁 15
筑前煮调料汁 16
凉拌青菜调料汁 16
日式溏心卤蛋调料汁 17
炖萝卜干调料汁 17
日式东坡肉调料汁 18
肉豆腐汤汁 18
鲕鱼炖萝卜调料汁 18
梅子沙丁鱼汤汁 18
日式萝卜泥汤汁 19
日式牛肉时雨煮汤汁 19
炖南瓜调味汁 19
青菜炖炸物汤汁 20
日式煮羊栖菜汤汁 20
鸡肉松调料汁 20
蘸汁 21
浇汁 21
天妇罗蘸汁 21
炒乌冬面调料汁 21
中式美味调料汁 46
中式炸物调料汁 47
炒饭调味汁 48
排骨调料汁 49
中式糯米饭调料汁 49
叉烧调味汁 65
日式洋葱酱 69
洋葱调味汁 83
韩式沙拉调味汁 85
蒲烧酱汁 101
生姜烧调料汁 102
烤鸡肉串调料汁 103
洋葱烤肉调料汁 103
日式炸鸡块基础腌料 108
龙田炸物腌料 109
日式牛肉火锅汤底 110
什锦酱菜腌渍调料汁 117
日式松前渍调料汁 117
韭香酱油 118
葱蒜酱油 119
大蒜生姜酱油 119
蒜香紫苏酱油 119
葱香酱油 119
牛肉盖饭调料汁 120
猪肉盖饭调料汁 120
天妇罗盖饭调料汁 121
日式酱油盖饭调料汁 121
油炸豆腐汤汁 122
蔬菜炒肉复合调味料 128
油淋鸡调味汁 130
中式凉面调料汁 133
烧烤汁 136
韩式煎饼调料汁 139
石锅拌饭肉酱 141

●盐

基础浅渍调料汁 116
炒面调味汁 134
抹茶盐 149
香蒜盐 149
咖喱盐 149
中式调味盐 149
花椒盐 149
芥末盐 149
香草盐 149

●味噌

味噌酱 38
味噌萝卜酱 39
味噌腌床 40
味噌炒菜酱 41
鱼肉杂蔬烧调料汁 42
肉末炖土豆汤汁 43
味噌青花鱼汤汁 44
山河烧调味料 45
田乐酱 45
炖杂碎调料汁 45
猪肉酱汤汤汁 45
八丁味噌酱 81
味噌调味汁 84
西京烧味噌腌床 104
酒糟味噌腌床 105
酸奶味噌腌床 105
橘子酱味噌腌床 105
柚子胡椒酱 111
醋味噌 114
核桃味噌酱 115
黄酱 115
凉拌酱 115
奶酪味噌酱 115

●醋

基础腌渍汁 94
日式腌渍汁 95
咖喱腌渍汁 95
基础南蛮醋 106
梅子南蛮醋 107
咖喱南蛮醋 107
西式南蛮醋 107
南蛮黑醋 107
糖醋芡汁 109
土佐醋 114
芝麻醋 114
绿醋 114
芥末腌渍调料汁 116
薤白腌渍调料汁 116
辣白菜腌渍调料汁 117
万能寿司醋 122
芙蓉蟹糖醋芡汁 128
黑醋咕咾肉糖醋芡汁 129
自制甜辣酱调味汁 145

●橙醋酱油

佐味橙醋调料汁 81

●油

意大利青酱 50
青酱意大利面沙司 51
青酱炒菜沙司 52
卡布里沙拉酱 52
嫩煎鱼排沙司 53
薄荷沙司 75
法式调味汁 82
蛋黄酱 83
胡萝卜调味汁 84
橄榄油调味汁 89
茼蒿青酱风味沙司 89
基础腌泡汁 92
香草腌泡汁 93
卡帕奇欧沙司 99
自制辣椒油 131
柠檬油 148
香草油 148
意大利辣椒油 148
香辛料调味油 148

●黄油

荷兰沙司 99
蜗牛黄油酱 99
鳕鱼子黄油酱 99

●蛋黄酱

塔塔酱 78
千岛酱 83
明太子蛋黄酱 89
美式炸鸡腌料 109
虾仁蛋黄酱 126
甜辣酱调味汁 145

●番茄酱

多明格拉斯酱 69
番茄酱调味汁 70
莎莎风味调味汁 85
甜辣酱复合调味料 126
户外烧烤调料汁 137
印尼炒饭调料汁 146

●咖喱粉

咖喱卤 54
咖喱酱 55
椰子咖喱酱 56
咖喱米粉调味料 57
咖喱乌冬面汁 57

牛奶咖喱酱 75

●芥末

芥末酱 71
芥末丁香沙司 73
芥末调味汁 83

●蚝油

蚝油复合调味料 127
广式炒面复合调味料 135
罗勒三杯鸡调料汁 147

●鸡精

八宝菜芡汁 135
酸辣汤汤汁 135

●豆瓣酱

麻婆酱复合调味料 125
正宗麻婆酱复合调味料 125

●甜面酱

甜面酱复合调味料 127

●韩式辣椒酱

韩式辣椒酱调料汁 58
韩式炒粉丝调味汁 59
韩式生拌调料汁 59
韩式烤肉腌料 137
韩式甜辣鸡块调味汁 138
韩式火锅复合调味料 140
韩式土豆排骨汤复合调味料 141

●鱼露

地域风味调味汁 85
越南生春卷调味汁 143
泰式冬粉沙拉调味汁 144
泰式罗勒鸡肉饭调料汁 146
泰式炒面调料汁 146
海南鸡饭蘸料 147
冬阴功汤底料 147

●芝麻

芝麻佐餐汁 80
芝麻调味汁 83
芝麻酱 111
麻酱拌菜酱 115
棒棒鸡调味汁 130
担担面调味料 132
中式凉面调料汁 133
韩式拌杂蔬调料汁 139

●葡萄酒

红葡萄酒沙司 72
洋葱酱 73

●土豆泥

美式沙司 62
海鲜浓汤汤料 63
美式意大利宽面沙司 63

[按食材分类]

●番茄/水煮番茄

番茄沙司 22
番茄酱意大利面沙司 23
意式水煮鱼风味沙司 24
比萨沙司 25
煎蛋卷番茄沙司 25
意大利通心粉沙司 26
蔬菜浓汤汤料 27
普罗旺斯蔬菜杂烩沙司 28
墨西哥辣豆酱 28
意式番茄烩饭沙司 29
日式包菜卷沙司 29
莎莎酱 79
番茄罗勒调味汁 84
肉酱 86
海鲜拉古酱 88
意式冷面番茄沙司 89
番茄泥 90

●牛奶/鲜奶油

白酱 30
奶汁烤饭沙司 31
白酱炖菜沙司 32
意式千层面沙司 33
奶汁烤菜沙司 34
土豆泥沙司 35
玉米汤汤料 35
蛤蜊浓汤汤料 36
奶油海鲜汤汤汁 36
法式吐司沙司 37
培根奶油酱 77
金枪鱼奶油蘸酱 98
意式鳀鱼沙司 99

●奶酪

戈贡佐拉酱 69
奶油奶酪沙司 71
凯撒沙拉调味汁 82
香草蘸酱 96
明太子奶酪蘸酱 98

●酸奶

酸奶调味汁 85
印度烤鸡腌料 143

●花生黄油

花生黄油蘸酱 97
沙嗲酱 147

●蔬菜

红辣椒酱 76
芦笋泥 91
洋葱泥 91
胡萝卜泥 91
茄子泥酱 98

●菌类

蘑菇酱 77
日式蘑菇沙司 87
蘑菇泥 90
蘑菇泥酱 98

●泡菜

韩式泡菜五花肉调味料 141

●肝

肝泥酱 97

●豆类

鹰嘴豆蘸酱 97

●水果/橘子酱

柠檬沙司 60
柠檬嫩煎肉沙司 61
柠檬蘸酱 61
姜味苹果沙司 70
橘子酱 70
蓝莓酱 71
香橙酱 74
芥末牛油果沙司 79
梅子调味汁 84
蜂蜜腌泡汁 93
橄榄酱 96
牛油果蘸酱 97
橙醋酱油 111
葱香柠檬调料汁 111

[蛋液]

厚蛋烧蛋液 112
高汤煎蛋卷蛋液 112
日式茶碗蒸蛋液 113

[高汤]

海带鲣鱼高汤 64
飞鱼高汤 64
豚骨高汤 65
鸡高汤 66
蔬菜高汤 66

[甜品酱]

巧克力酱 150
芒果酱 151
焦糖酱 151
核桃酱 151
猕猴桃酱 151
黑糖蜜 151

按主食材分类的料理索引

[肉类/肉制品]

●牛肉

土豆炖肉 12
日式肉豆腐 18
日式牛肉时雨煮 19
茄子烧牛肉 41
咖喱牛肉 55
韩式炒粉丝 59
牛排 73
日式牛肉火锅 110
牛肉盖饭 120
青椒肉丝 127
日式烤串 137
韩式烤牛肉 138

●鸡肉

照烧鸡肉 11
鸡肉鸡蛋盖饭 14
香菇鸡肉焖饭 15
筑前煮 16
奶油炖鸡 32
什锦奶汁烤菜 34
咖喱椰子鸡 56
越南鸡粉 66
嫩煎鸡排 71
烤鸡肉串 103
日式炸鸡块 108
美式炸鸡 109
蔬菜炒肉 128
油淋鸡 130
棒棒鸡 130
韩式甜辣鸡块 138
印度烤鸡 143
越南生春卷 143
海南鸡饭 147
罗勒三杯鸡 147
沙嗲鸡肉 147

●肉末

鸡肉松 20
墨西哥辣豆 28
日式包菜卷 29
肉末炖土豆 43
汉堡包肉饼 69
意大利肉酱面 86
烤鸡肉串 103
麻婆豆腐 125
担担面 132
石锅拌饭 141
泰式冬粉沙拉 145
印尼炒饭 146
泰式罗勒鸡肉饭 146

●猪肉

日式东坡肉 18
炒乌冬面 21
味噌烤猪肉 40
炖猪杂 45
猪肉酱汤 45
炸排骨 49
中式糯米饭 49
咖喱米粉 57
咖喱乌冬面 57
叉烧 65
嫩煎猪排 70
炸猪排 81
猪肉生姜烧 102
猪肉盖饭 120
回锅肉 127
黑醋咕咾肉 129
炒面 134
韩式豆腐锅 140
韩式土豆排骨汤 141
韩式泡菜五花肉 141
泰式炒面 146

●叉烧

叉烧面 65

●火腿/生火腿

生火腿芝麻菜比萨 25
法式热吐司三明治 37
青酱嫩煎沙丁鱼 53
中式凉面 133

●培根

培根番茄沙司意大利面 23
蔬菜浓汤 27
简易意式番茄烩饭 29

[海鲜/海鲜制品]

●蛤蜊

意式水煮鱼 24
蛤蜊浓汤 36
韩式豆腐锅 140

●竹荚鱼

竹荚鱼山河烧 45

●墨鱼

海鲜拉古酱意大利面 88

●鲑鱼子

散寿司饭 122

●沙丁鱼

梅子沙丁鱼 18
青酱嫩煎沙丁鱼 53
蒲烧沙丁鱼 101

●虾

海鲜浓汤 63
美式意大利宽面 63
炸大虾 79
海鲜拉古酱意大利面 88
香渍番茄牛油果虾仁 92
天妇罗盖饭 121
散寿司饭 122
甜辣虾仁 126
蛋黄酱虾仁 126
越南生春卷 143
泰式冬粉沙拉 145
印尼炒饭 146
泰式炒面 146
冬阴功汤 147

●牡蛎

菠菜牡蛎奶油汤 36

●螃蟹

芙蓉蟹 128

●鱼块

嫩煎海鲜 74

●金眼鲷鱼

干烧金眼鲷鱼 13

●三文鱼

西葫芦三文鱼饼 61
香草腌三文鱼 93

●鲑鱼

鲑鱼杂蔬烧 42
鲑鱼南蛮渍 106

●青花鱼

萝卜泥炖青花鱼 19
味噌煮青花鱼 44
龙田炸青花鱼 109

●鲅鱼

西京烧鲅鱼 104

●白肉鱼

柠檬嫩煎白肉鱼 61

●鲷鱼

意式水煮鱼 24

●章鱼

青酱土豆炒章鱼 52
海鲜拉古酱意大利面 88

●鰤鱼

鰤鱼炖萝卜 18

●扇贝

嫩煎海鲜 74

●金枪鱼

生拌金枪鱼 59
金枪鱼酱油盖饭 121

●干鱿鱼

松前渍 117

●熏制三文鱼

简易三文鱼烩饭 37

●芥末明太子

明太子蛋黄酱意大利面 89

●冷冻什锦海鲜

海鲜意大利通心粉 26

[海草]

●海带丝

松前渍 117

●羊栖菜

日式煮羊栖菜 20

[蛋]

鸡肉鸡蛋盖饭 14
日式溏心卤蛋 17
奶酪煎蛋卷 25
蛋炒饭 48
生拌金枪鱼 59
煎蛋卷 77
厚蛋烧 112
高汤煎蛋卷 112
日式茶碗蒸 113
散寿司饭 122
芙蓉蟹 128
韩式豆腐锅 140

[豆类/豆制品]

●炸厚豆腐

田乐酱炸豆腐 45

●油炸豆腐

油菜炖炸豆腐汤 20
油炸豆腐寿司 122

●四季豆

墨西哥辣豆 28

●豆腐

日式肉豆腐 18
油炸豆腐 19
麻婆豆腐 125
韩式豆腐锅 140

[奶酪]

生火腿芝麻菜比萨 25
奶酪煎蛋卷 25
马苏里拉奶酪酱菜 41
奶酪拌番茄卡布里沙拉 52

[蔬菜]

●芜菁

什锦日式泡菜 95

●南瓜

炖南瓜 19

●菜花

什锦日式泡菜 95
什锦咖喱泡菜 95

●菌类

• 杏鲍菇

咖喱椰子鸡 56
美式意大利宽面 63
日式蘑菇意大利面 87

• 香菇

香菇鸡肉焖饭 15
筑前煮 16
普罗旺斯蔬菜杂烩 28
中式糯米饭 49
韩式炒粉丝 59
日式蘑菇意大利面 87
蔬菜炒肉 128
韩式烤牛肉 138

• 口蘑

什锦奶汁烤菜 34
日式蘑菇意大利面 87

• 草菇

冬阴功汤 147

●圆白菜

炒乌冬面 21
蔬菜浓汤 27
日式包菜卷 29
鲑鱼杂蔬烧 42
回锅肉 127
炒面 134

●黄瓜

什锦泡菜 94
中式凉面 133

●牛蒡

金平牛蒡 13
筑前煮 16
炖猪杂 45
猪肉酱汤 45

●油菜

油菜炖炸豆腐汤 20

●土豆

土豆炖肉 12
奶油土豆泥 35
蛤蜊浓汤 36
肉末炖土豆 43
青酱土豆炒章鱼 52
咖喱牛肉 55
韩式土豆排骨汤 141

●茼蒿

茼蒿青酱意大利面 89

●西葫芦

普罗旺斯蔬菜杂烩 28
西葫芦三文鱼饼 61

●芹菜

什锦咖喱泡菜 95

●萝卜

鰤鱼炖萝卜 18
味噌萝卜 39
炖猪杂 45
猪肉酱汤 45

• 萝卜干

炖萝卜干 17

●竹笋

青椒肉丝 127

●洋葱/小洋葱

土豆炖肉 12
鸡肉鸡蛋盖饭 14
奶油炖鸡 32
牛肉盖饭 120

猪肉盖饭 120

●番茄/小番茄

奶酪拌番茄卡布里沙拉 52
意式番茄冷面 89
香渍番茄牛油果虾仁 92
香渍番茄葡萄柚 93

●茄子

培根番茄沙司意大利面 23
普罗旺斯蔬菜杂烩 28
意式茄子千层面 33
茄子烧牛肉 41
中式炸茄子 47

●胡萝卜

筑前煮 16
什锦泡菜 94
蔬菜炒肉 128
黑醋咕咾肉 129

●大葱

普罗旺斯蔬菜杂烩 28
什锦奶汁烤菜 34
咖喱乌冬面 57

●白菜

蔬菜炒肉 128
韩式豆腐锅 140

●罗勒

青酱意大利面 51
意式番茄冷面 89
泰式罗勒鸡肉饭 146
罗勒三杯鸡 147

●红辣椒

普罗旺斯蔬菜杂烩 28
什锦日式泡菜 95
什锦咖喱泡菜 95

●青椒/红青椒

鲑鱼杂蔬烧 42
回锅肉 127
青椒肉丝 127
黑醋咕咾肉 129

●西蓝花

奶油炖鸡 32

●菠菜

凉拌菠菜 16
菠菜牡蛎奶油汤 36

●豆芽

越南鸡粉 66
韩式凉拌菜 139

●芝麻菜

生火腿芝麻菜比萨 25

[水果]

●牛油果

香渍番茄牛油果虾仁 92

●葡萄柚

香渍番茄葡萄柚 93

[其他]

●玉米罐头

玉米汤 35

●粉丝

韩式炒粉丝 59
泰式冬粉沙拉 145

[主食]

●乌冬面

狸猫乌冬面 21
炒乌冬面 21
咖喱乌冬面 57

●米饭

鸡肉鸡蛋盖饭 14
香菇鸡肉焖饭 15
简易意式番茄烩饭 29
蛋炒饭 48
中式糯米饭 49
咖喱牛肉 55
咖喱椰子鸡 56
牛肉盖饭 120
猪肉盖饭 120
天妇罗盖饭 121
金枪鱼酱油盖饭 121
寿司饭 122
散寿司饭 122
石锅拌饭 141
印尼炒饭 146
泰式罗勒鸡肉饭 146
海南鸡饭 147

●意大利面

培根番茄沙司意大利面 23
海鲜意大利通心粉 26
青酱意大利面 51
美式意大利宽面 63
意大利肉酱面 86
日式蘑菇意大利面 87
海鲜拉古酱意大利面 88
辣味蒜香意大利面 89
茼蒿青酱意大利面 89
意式番茄冷面 89
明太子蛋黄酱意大利面 89

●米粉/粉

咖喱米粉 57
越南鸡粉 66
泰式炒面 146

●荞麦面

盛荞麦面 21

●中式面

叉烧面 65
担担面 132
中式凉面 133
炒面 134

●面包/比萨

生火腿芝麻菜比萨 25
法式热吐司三明治 37

剪下即可使用！酱料酱汁小标签

可以贴在装酱料和酱汁的瓶子上以便区分。用剪刀剪下，注明制作日期和酱料名称后，贴在瓶身上或打孔后穿绳挂在瓶子上使用。

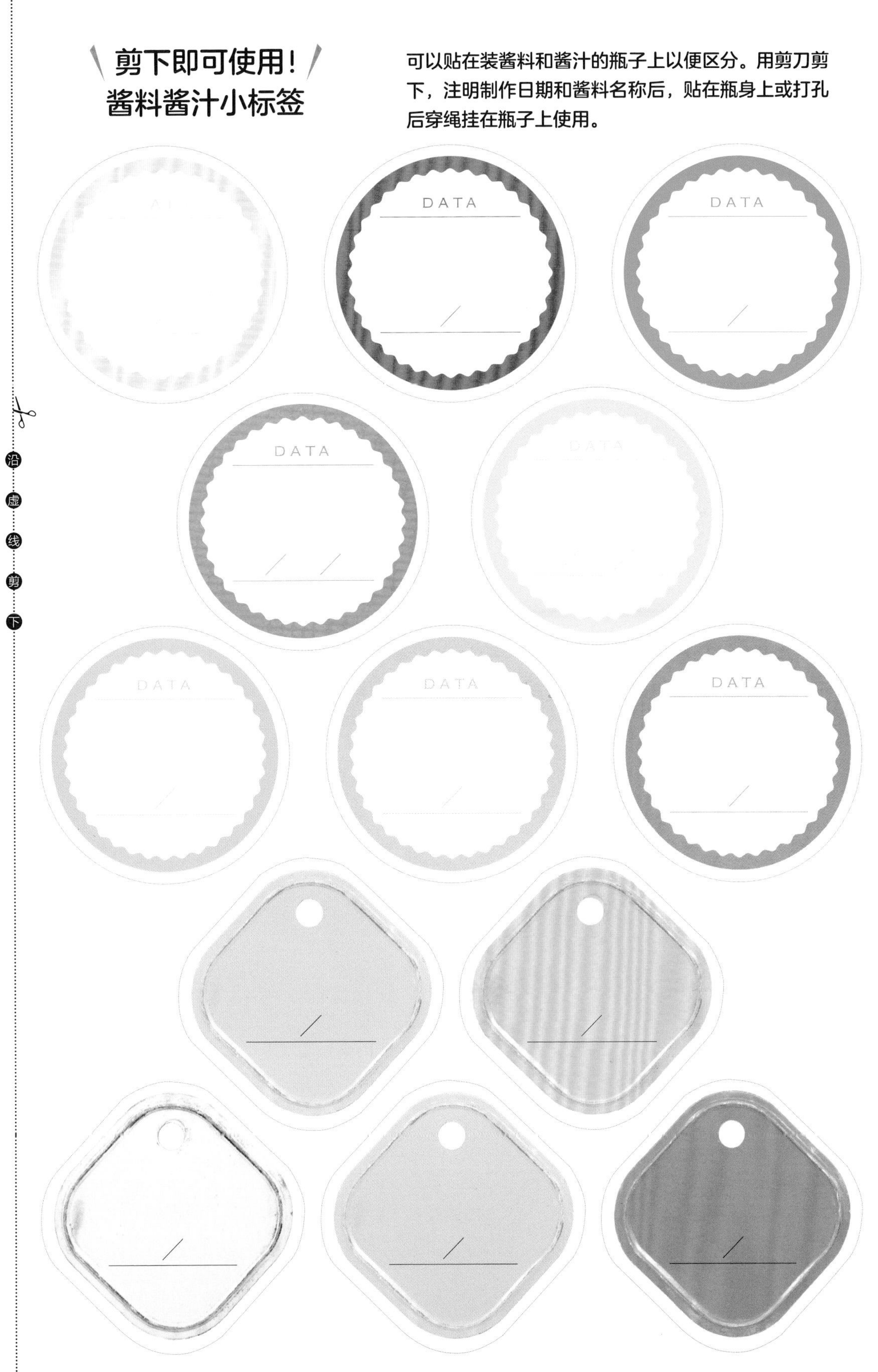

sauce a l'americaine

sauce du citron

sauce tomate

sauce blanche

curry roux

sauce japonaise

Genovese

Tu es adorable!

图书在版编目（CIP）数据

万能酱汁和料理435道 /（日）牛尾理惠著；林和文曦译．—北京：中国轻工业出版社，2020.6
ISBN 978-7-5184-2849-6

Ⅰ．①万… Ⅱ．①牛… ②林… Ⅲ．①食谱—日本 Ⅳ．①TS972.183.13

中国版本图书馆CIP数据核字（2019）第289984号

责任编辑：王晓琛　　责任终审：劳国强　　整体设计：锋尚设计
责任校对：晋　洁　　责任监印：张京华

出版发行：中国轻工业出版社（北京东长安街6号，邮编：100740）
印　　刷：北京博海升彩色印刷有限公司
经　　销：各地新华书店
版　　次：2020年6月第1版第1次印刷
开　　本：720×1000　1/16　印张：10
字　　数：200千字
书　　号：ISBN 978-7-5184-2849-6　定价：49.80元
邮购电话：010-65241695
发行电话：010-85119835　传真：85113293
网　　址：http：//www.chlip.com.cn
Email：club@chlip.com.cn
如发现图书残缺请与我社邮购联系调换
181562S1X101ZYW